공부머리가 자라는
하루 2시간 엄마표 학습법

공부머리가 자라는

하루 2시간

엄마표
학습법

손지혜 지음

폭스코너

한국에서 초, 중, 고, 대학을 다니면서 공교육에 대한 의문을 가졌었다. 왜 이렇게 공장에서 물건을 찍어내듯이 모두 똑같은 수업을 받고, 같은 시기에 시험을 치며, 성적에 치이는 삶을 살아야 할까? 대학과 취업이 전부일까? 나는 그런 의문을 품은 채 한국에서 16년 동안의 공교육을 마쳤다.

그러다 결혼 후 떠난 미국에서 10년간 살면서 아이들의 행복한 교육에 대해 눈을 떴다. 바로 홈스쿨링. 홈스쿨링은 아이들뿐만 아니라 엄마도 재미있고 신나는 교육 방법이다.

미국에서 쌍둥이 아들을 출산한 나는 이 아이들을 어떻게 교육해야 할지 많은 고민을 했다. 당시 나는 미국의 한 대학교에서 피아노 반주 스태프로 일했는데, 그러면서 다양한 학생들과 교수님들을 만났다. 그중 말과 행동의 결이 남다른 사람들을 보았는데, 그들이 내뿜는 좋은 기운이 궁금해 많은 질문을 하며 대화를 나누어보았다. 얘기를 하다 보니 그들의 공통점이 바로 홈스쿨링 출신이라는 점을 알게 되었다. 학교에 가지 않고 집에서 부모님에게 배우며 자기 관심사에 맞는 행복한 공부를 했다는 것이었다.

내가 처음 홈스쿨링 가족을 만난 건 2003년이었다. 미국 시애틀에서 육 남매를 재택 교육하는 미국인 가족이었는데, 그 집에서 한 달 동안 홈스테이를 하며 홈스쿨링하는 모습을 옆에서 지켜봤다. 이후 미국에 살게 되었을 때도 옆집 역시 홈스쿨링을 하는 가정이었다. 뿐만 아니라 지난 10여 년 동안 미국에 살면서 본보기가 되는 좋은 홈스쿨링 가정을 수차례 만났다.

그들과 교제하고 질문하며 연구한 결과 나만의 홈스쿨링 체계를 만들 수 있었다. 미국에서 만난 행복한 홈스쿨링 가정들처럼 나도 홈스쿨링 교육을 해보기로 마음먹었다. 그렇게 미국과 한국에서 쌍둥이들을 기관에 보내지 않고 직접 가르쳤다. 하지만 그 과정에서 무수한 시행착오를 겪었다. 나는 제대로 된 홈스쿨링을 하기 위해 수많은 원서와 논문을 섭렵하며 홈스쿨링을 연구했다. 그 결과물이 이 책이다.

미국은 홈스쿨링 가정이 많고, 서로 격려해주는 분위기다. 하지만 2019년에 귀국한 한국에서의 분위기는 사뭇 달랐다. 홈스쿨링하는 우리 가정은 사람들의 따가운 시선을 받았다. 지나가다 마주치는 동네 사람들은 물론이고, 양가 부모님조차 홈스쿨링을 이해하지 못했다. 심지어 아이들을 망칠 작정이냐며 걱정하셨다.

내가 겪은 한국의 주입식 교육을 우리 아이들이 받는다 생각하니 끔찍했다. 미국에서 만난 좋은 홈스쿨링 가정처럼 내 자녀에게 특별한 교육을 하고 싶었다. 하지만 한국에서 홈스쿨링을 한다고 하면 다들 걱정과 불신부터 드러냈다.

그래서 책을 쓰기로 마음먹었다. 미국에서 많은 홈스쿨링 가정을 지켜보며 연구한 개념을 확실히 하기 위해, 그리고 홈스쿨링을 하려는 다른 가정이 나 같은 시행착오를 겪지 않기를 바라는 마음에서다. 더 나아가 다른 사람들한테도 홈스쿨링 교육의 장점을 알리고 싶기도 했다. 부모가 가르치는 홈스쿨링이 공교육의 대안이 될 수 있다는 사실을 말이다.

특히 코로나 시대는 어쩔 수 없이 부모님이 자녀 교육의 많은 부분을 직접 책임져야 한다. 엄마는 자녀의 온라인 수업을 지켜봐야 하고, 긴 시간 한집에서 아이들과 부대끼며 시간을 보내야 한다. 더 이상 학교와 기관에만 내 사랑하는 자녀를 맡겨둘 수 없게 된 것이다.

이 책은 무조건 홈스쿨링을 하라고 강요하지 않는다. 홈스쿨링으로 교육하지 않는 부모님도 참고할 수 있는 책이다. 이 책을 통해 부모님들이 홈스쿨링에 대한 부담감을 내려놓길 바란다. 보다 쉽고 자연스럽게 홈스쿨링에 접근했으면 좋겠다.

2021년 7월
손지혜

4. 엄마가 더 신나는 하루 2시간 홈스쿨링 교육법 12

5. 나는 아이들과 함께 지도 밖의 길을 간다

1

엄마랑 노는 게 더 재미있어요

엄마랑 노는 게
더 재미있어요

"엄마, 나 유치원 가기 싫어요."

"왜? 다닌 지 얼마 안 됐잖아. 조금 더 다녀보면 어때? 시간이 지나면 괜찮아지지 않을까?"

"가기 싫어요."

"거기 가면 선생님도 있고 좋아하는 친구들도 있잖아."

"그래도 엄마랑 있고 싶어요."

"유치원 가면 재밌는 것도 많이 배우고 놀기도 하고 얼마나 좋니?"

"…엄마랑 노는 게 더 재밌어요."

우리 아이들은 미국에서 태어났다. 쌍둥이 남자아이들이다. 미국에서는 주변에 보낼 만한 어린이집이 없었다. 다른 누가 봐줄 수 있는 형편도 안 되었다. 우리 부부는 당시 유학생 신분이었다. 서로의 수업 일정을 조정해가며 아이들을 직접 키우는 수밖에 없었다. 나는 학교에서는 수업을 듣는 학생이었고, 집에서는 쌍둥이를 동시에 모유 수유해야 하는 엄마였다. 정신없고 힘들었다. 그런 와중에도 시간은 화살처럼 빨리 지나갔다.

그렇게 4년간 집에서 아이들을 돌보았다. 우리 부부는 졸업을 했고 드디어 귀국을 했다. 처음에는 아이들을 유치원에 보내볼 생각이었다. 항상 엄마 아빠 곁에만 있어서 걱정이 좀 되었지만, 어른들의 말마따나 사회생활도 배워야 할 것 같았다.

"아이들이 쓰는 말이 어디 말이에요? 타갈로그어˚ 아닌가요?"

귀국 당시 아이들은 우리말도 영어도 아닌, 자기들만이 알아들을 수 있는 언어로 대화하곤 했다. 주변에서는 쌍둥이의 대화를 듣고 필리핀어를 하는 게 아니냐고 걱정하기도 했다.

아이들의 우리말도 향상시킬 겸 이제는 유치원에 보낼 때가 왔다고 생각했다. 그런데 유치원에 사흘 나가더니 못 다니겠다고 울고불고 떼를 썼다. 엄마도 같이 와야 한다고 해서 동행해보았다. 그런데 어른

˚ 말레이폴리네시아 어족의 인도네시아 어파에 속한 언어로, 필리핀의 공용어.

인 나도 수업을 마치고 집에 오면 힘들었다. 유치원의 교육이 나도 썩 내키지 않았다.

아이들의 계속되는 등원 거부에 결국 다섯 살이 되면 다시 보내기로 했다. 우리는 다시 미국에서 하던 대로 놀았다. 산으로, 집 근처 공원으로 다니며 아이들의 호기심과 재미를 충족시켜주는 생활을 했다.

어느덧 아이들이 다섯 살이 되었다. 그런데 여전히 유치원에 가기 싫다고 하는 게 아닌가! 이 녀석들! 아이들은 유치원에 며칠 다니더니 엄마랑 노는 게 더 재밌다고 했다. 또다시 등원 거부. 아이들은 새벽에 일어나 엉엉 울기만 했다. 마음이 무거웠다. 내가 아이를 유치원에 보내려는 이유는 무엇인가?

사실 난 직장에 매인 몸도 아니었다. 아이들을 데리고 노는 삶도 괜찮겠다고 생각하기도 했다. 하지만 당시 나는 번아웃 상태였다. 출산을 하고 쌍둥이 아이들을 거의 혼자 키우다시피 하면서 몸과 마음이 지칠 대로 지쳐 있었다. 남편은 나름 잘 도와주었다. 하지만 나 아니면 할 수 없는 엄마 몫의 일이 산더미였다. 게다가 이 무렵 친정엄마께서 갑자기 돌아가셨다. 그 충격이 나를 무너뜨렸다.

"애들아, 엄마는 너희를 정말 사랑하기 때문에 같이 있고 싶지만, 지금은 엄마가 너무 힘든 상황이야. 너희가 엄마에게 쉬는 시간을 주면 좋겠어."

결국 나는 아이들을 매몰차게 유치원으로 보내버렸다.

며칠이 지났다. 아이들은 생각보다 잘 다니는 것 같았다. 담임 선생님도 우리 아이들이 다른 아이들과 잘 어울리며 생활한다고 전해주었다. 하지만 아이들은 아침만 되면 으레 가기 싫다고 떼를 썼다. 나는 매일 아이들을 달래 등 떠밀어 유치원에 보내야만 했다.

아이들을 억지로 유치원에 보내면서 이런 생각이 들었다.
'아이들이 이렇게 가기 싫어하는데 그냥 내가 공부시켜볼까?'
'아직은 초등학생도 아니고 유치원생인데 편하게 생각해도 되지 않을까?'
미국에서 4년, 한국에서 1년, 나는 5년간의 독박육아를 경험했다. 그 경험을 바탕으로 놀면서 아이들을 가르치는 것은 잘할 수 있다는 자신감도 있었다.

하지만 주변에서는 반대하는 의견이 대부분이었다. 시부모님은 남자애라면 꼭 유치원에 보내야 한다고 당부하셨다. 사회생활을 배워야 한다는 것이 가장 큰 이유였다. 집에서 홈스쿨링으로 교육할까 한다고 말씀드리면 애들을 망칠 작정이냐며 역정을 내셨다.
친정아버지도 유치원에 가야 초등학교 생활을 잘한다고 하셨다. 그러니 억지로라도 아이들을 유치원에 보내라며 나를 나무라셨다. 주위 사람들에게 홈스쿨링에 관해 의견을 물을수록 나만 이방인이 된 것 같았다. '우리나라 교육이 얼마나 좋은데 왜 너만?'이라는 얼굴로 반문할 때 나는 점점 작아졌다.

사실 나는 결혼 전부터 홈스쿨링을 생각하고 있었다. 나는 20대 시절 미국 시애틀에 있는 현지인 집에서 한 달 정도 홈스테이를 했다. 육 남매를 홈스쿨링으로 직접 교육하던 집이었다. 그때는 홈스쿨링 교육을 그저 별다른 감흥 없이 흘려 넘겼다. 한국의 정규과정을 다 마친 나로서는 그냥 '다른 교육방식도 있네!' 정도로만 지나쳤다.

이후 미국에서 석사 과정 중에 있으면서 대학 신입생들을 만날 기회가 많았다. 그런데 일반 학생들과 뭔가 다른 분위기의 친구들이 눈에 띄었다. 그들의 말투와 행동에 남다르게 좋은 느낌을 받았다. 얼마 후 그 친구들과 대화하면서 한 가지 사실을 알게 되었다. 그들은 모두 홈스쿨링 출신이었다.

미국에서는 현재 많은 가정에서 부모가 직접 자녀들을 교육한다. 공교육에 대한 불신도 있다. 하지만 그보다는 아이의 개성을 살리고 잠재력을 키울 수 있기 때문에 홈스쿨링을 선택한다. 지금도 미국은 다양한 이유로 홈스쿨링 가정이 매년 증가하고 있다. 미국 교육부 (U.S. Department of Education)에 의하면 1975년 1만 명 정도였던 홈스쿨링 학생이 2019년에 2백만 명으로 증가했다. 약 25명 중 1명꼴로 홈스쿨링을 하는 것이다.

특히, 코로나로 인해 학교에 못 가는 날이 늘어나자, 학부모들은 고민에 빠졌다. 구글 검색을 예로 들어보면 코로나 전에 10점대였던 '홈 스쿨링'이라는 단어가 팬데믹 이후 100점을 기록했다. 통계에서 나타나듯 홈스쿨링은 시대를 반영하는 우리 교육의 현주소다.

홈스쿨링을 한 아이들은 조금 남달랐다. 모두가 엇비슷한 아이들 가운데 자기 개성이 도드라졌다. 자신만의 색깔이 뚜렷하고 당당했다. 그 아이들을 보면서 나는 홈스쿨링에 대해 좋은 인식을 갖게 되었다. 그리고 '내 아이들도 홈스쿨링 할 수 있으면 좋겠다!'라고 생각했다.

우리 아이들이 등원을 거부했다. 엄마랑 같이 있고 싶단다. 과연 그렇게 해도 되는 것일까? 내가 아이를 망치고 있는 건 아닐까? 수많은 날을 고민하며 밤을 지새웠다. 누구에게 물어볼 수도 없었다. 무엇이 정말 우리 아이들을 위한 교육인지 고민하기 시작했고, 연구했다. 교육에 관한 책은 손에 잡히는 대로 읽었다. 해외 논문까지 뒤져가며 어떻게 하면 우리 아이들이 행복한 교육을 받을 수 있을지 생각하고 또 생각했다.

그러다 코로나19 사태가 벌어지며 아이가 원하든 원치 않든 유치원에 등원하지 못하는 날이 많아졌다. 우리는 집 안과 집 앞 공원에서 대부분의 시간을 보냈다. 얼굴이 밝아진 아이들이 어느 날 말했다.
"엄마, 유치원 안 가고 엄마랑 노니까 행복해요."

그때 눈물이 핑 돌았다. 내가 바란 것은 아이들의 행복이었다. 왜 그렇게 아이들을 사회의 틀에 맞추려고만 했을까? 물론 아이들이 유치원에 가면 나는 당장 몇 시간의 여유를 누릴 수 있었다. 이런저런 집안일을 하다 보면 금방 아이들이 돌아오긴 했지만, 그 짧은 자유로도 나의 우울했던 마음이 많이 치유되곤 했다.

하지만 더 중요한 것은 아이들의 행복이었다. 나는 아이들의 행복을 선택하기로 했다. 전적으로 홈스쿨링을 하기로 마음먹은 것이다. 그 과정에서 나를 희생하고 싶지는 않았다. 기왕 홈스쿨링을 하게 된 이상 엄마가 지치지 않는 방법을 고민했다. 나는 몸과 마음을 건강하게 재정비하기로 했다. 아이들과 집에서 잘 놀고, 재미있게 세상에 대해 배우기로 결심했다.

"어린 시절이 행복한 사람이 평생 행복하다."

—토머스 풀러(영국 학자)

02
.

홈 스 쿨 은
불안하지 않나요?

아이들이 유치원에 처음 간 날이었다. 아이들과 함께 등원한 내게
선생님께서 물어보셨다.

"아이들이 다섯 살인데 유치원은 처음이라고요? 미국에서는 왜 안
보내셨나요?"

"보낼 곳이 마땅치 않았어요. 우리는 그동안 홈스쿨링을 했습니
다."

우리를 신기한 듯 쳐다보던 선생님의 눈빛이 흔들렸다. 홈스쿨링을
한 아이들은 처음 보신 것 같았다. 다른 아이들은 한글을 줄줄 읽었

다. 우리 아이들과 같은 다섯 살이었다. 하지만 우리 아이들은 한글을 읽기는커녕 우리말 발음도 제대로 알아듣기 힘들었다. 홈스쿨링을 해왔노라 당당하게 말했지만, 결과만 놓고 봤을 때는 부끄럽기 짝이 없었다.

그런데 아이들이 유치원에 다니는 걸 힘들어했다. 다시 홈스쿨링을 해야 하나 고민이 되던 차에 다른 선생님이 진심으로 걱정해주었다.

"여기 안 다니더라도 집에만 있으면 아이들이 심심해하지 않을까요? 다른 유치원도 한번 알아보세요."

아이들의 친구 엄마들도 나를 진심으로 걱정해주었다.

"우리나라 교육 시스템이 얼마나 잘되어 있는데요. 특히 유치원은 나라에서 지원도 많이 해주잖아요. 이 기회를 잘 활용하세요. 한국에 왔으니 다른 엄마도 만나고 적응도 하셔야죠."

"남자아이들은 놀리기 위해서라도 유치원에 보내야 해요. 그게 아이를 위한 길이고, 엄마도 편할 거예요."

나는 사람들의 말에 점점 설득되어갔다. 그 사람들은 각자의 생각대로 조언했다. 홈스쿨링과 유치원 교육 사이에서 갈팡질팡하던 내 마음은 주변의 말에 따라 이리저리 흔들렸다. 마치 바람에 흔들리는 갈대처럼. 나만 좁고 보이지 않는 길로 가는 것 같아 덜컥 겁이 났다.

평소 존경하던 어르신마저 비슷한 이유로 아이들을 유치원에 보내는 게 좋겠다고 하셨다.

'그래, 유치원에 가는 게 아이들을 위해서도 좋을 거야. 아이들을 돌보는 나도 너무 힘들잖아.'

나는 나 자신 그리고 세상과 타협하기 시작했다. 처음에 홈스쿨링을 시작했던 그 결심이 점점 무뎌져갔다.

물론 아이들과 집에서 지내면서 마음은 행복했다. 하지만 몸이 너무 힘들었다. 매끼 식사 준비와 집안일, 거기다 아이들 교육까지 하려니 몸이 배겨내지 못했다. 게다가 혼자만의 시간이 없어 아이들에게 늘 짜증을 냈다. 상냥하게 이야기해도 될 말을 벌처럼 쏘아댔다. 결국에는 남편에게 도움을 요청했다. 일주일에 두 번, 두 시간씩, 나 혼자 있을 수 있는 시간을 달라고 말이다.

그렇게 얻은 자유시간에 카페도 가고, 집 앞 공원을 산책하기도 했다. 혼자 걸으니 살 것 같았다. 챙겨야 할 아이들도 없고, 오로지 나에게만 집중할 수 있어서 너무 좋았다. 아이들이 유치원에 간다면 정말 행복할 것 같았다.

나는 아이들을 설득하기 시작했다. 유치원에 가면 친구들과 재밌게 놀 수 있다고 강조했다. 그렇게 해서라도 등원을 거부하는 아이들의 마음을 돌리고 싶었다. 아이들은 여전히 완강했지만 나는 억지로 아이들의 등을 떠밀어 유치원에 보내버렸다.

야호~ 드디어 나만의 자유시간이 생겼다. 가장 먼저 한 일은 동네 마트 문화센터에서 강의를 듣는 일이었다. 평소 좋은 강의가 열려도 아이 둘을 데리고 가기가 부담스러웠다. 그런데 이제는 여유 있게 듣고 싶은 강의를 골라 들을 수 있었다. 기분이 날아갈 것 같았다.

그런데 이 기쁨도 잠시였다. 2개월 정도 시간이 흐르고 코로나 사태가 터졌다. 잠깐이면 끝날 것 같던 겨울방학이 언제 끝날지 기약 없는 방학이 되어버렸다. 그렇게 또 우리는 자연스레 집에서 홈스쿨링을 하게 되었다. 하지만 나의 태도는 전보다 좀 더 여유로워졌다. 아이들을 대하는 말투에서도 친절함이 묻어났다. 더 이상 홈스쿨링 때문에 불안하지도 않았다. 아이들도 나도 행복한 하루하루를 보내는 게 마냥 즐거웠다.

단순히 그동안 잘 쉬고 몸이 덜 힘들어서 아이들과의 홈스쿨링이 편해진 것은 아니었다. 내 생각이 바뀌었기 때문이다. 그동안은 주변 사람들에게 홈스쿨링을 하는 것이 맞는 길인지 확인받고 싶었다. 나 스스로 분명한 확신이 없었기 때문이다. 누군가가 나를 인정해주고, 수고한다고 말해주길 기대했다. 내 의견이 아닌 다른 사람의 의견이 더 중요했다. 내 아이들의 교육인데 주변에 자꾸 물어보았다.

그러다 문득 이런 생각이 들었다.

'홈스쿨링은 바로 내가 해야 하는데….'

'무엇보다 내 마음이 중요한데 왜 자꾸 주변에 물어보는 걸까?'

'사람들이 부정적인 시선을 던진다고 왜 거기에 흔들렸을까?'

나는 초심으로 돌아가기로 했다. 내가 처음에 홈스쿨링을 시작하게 된 계기가 무엇이었는지 생각해보았다. 내가 롤모델로 생각한 두 가정이 있었다.

미국에 살 때 옆집 육 남매가 홈스쿨링을 했었다. 첫째는 열일곱 살이었고, 막내는 두 살이었다. 큰 아이들은 대부분의 시간을 마당에서 책을 읽으며 보냈다. 어린아이들은 주로 마당에서 놀았다.

어느 날 육 남매가 집 앞에 있는 나무를 보며 엄마와 즐겁게 대화하고 있었다. 호기심이 들어 나도 그들 곁으로 가보았다. 그 나무에는 나무 색과 똑같은 색깔을 한 나방 한 마리가 붙어 있었다. 엄마는 이게 'camouflage'라며 보호색에 대하여 설명했다. 엄마는 얼마나 신비한 자연의 섭리냐며 연거푸 놀라워했다. 아이들도 신기하다며 그 나방을 자세히 보고 종이를 가져와 그림을 그렸다. 또 어떤 아이는 책을 가져와 보호색에 대한 설명과 예제를 보았다. 나방 한 마리를 두고 엄마와 아이들이 웃으며 자연스럽게 공부하는 것이었다. 생활의 작은 발견이 학습까지 이어지는 모습! 엄마와 아이 모두 즐거워하며 공부를 이어가는 모습에 나는 무릎을 쳤다.

'공부는 이렇게 하는 것이구나! 참 행복해 보인다.'

나도 이런 교육을 하고 싶다는 생각이 들었다.

한국에 들어와 홈스쿨링 여부를 놓고 고민하고 있을 때였다. 지인이 아이 셋을 홈스쿨링으로 키운다고 했다. 고민 상담도 할 겸 그 집을 방문했다. 10년 넘게 홈스쿨링을 하는 지인의 집은 평온해 보였다. 엄마는 점심 준비를 하고, 아이들은 한방에서 책상에 앉아 공부 중이었다.

첫째 여자아이는 열세 살로 초등 검정고시를 앞두고 있었다. 둘째 아홉 살짜리 안경 쓴 남자아이는 똘똘해 보였다. 다섯 살 귀여운 막내 여자아이는 춤을 추고 있었다. 지인은 홈스쿨링의 장점을 이야기했다. 다른 아이와 비교하지 않고 나만의 속도로 천천히 공부할 수 있는 점, 평일에 박물관과 도서관을 방문해서 여유롭게 탐구할 수 있는 점을 들며 내 아이의 흥미를 따라가다 보면 놀이처럼 재밌게 공부할 수 있다고 했다. 지인의 표정을 보니 얼마나 행복하게 홈스쿨링을 하는지 알 것 같았다. 둘째 아이에게 물어보았다. 남자아이가 여자아이보다 홈스쿨링을 더 힘들어할 수도 있다는 생각이 들어서였다.

"홈스쿨링을 하니까 뭐가 좋아?"

한 번도 유치원에 가본 적 없는 아이가 말했다.

"우리는 너무 좋아요. 공부하는 게 노는 것처럼 재미있어요. 내가 좋아하는 것을 공부할 수 있으니까요. 하지만 우리 엄마는 힘들 거예요. 우리 때문에 아무것도 못 하시거든요."

그 아이는 엄마를 보고 씩 웃었다. 본인은 정말 좋다는 말에 나의 마음에도 초록색 신호등이 반짝거렸다.

결국 내가 할 고생은 나중에 생각하기로 했다. 다른 사람의 부정적인 의견보다 더 중요한 것을 따르기로 했다. 아이들의 행복을 따라가기로 방향을 잡았다. 그렇게 하고 나서 나는 더 여유로워졌고 아이들과도 신나게 홈스쿨링을 하고 있다.

홈스쿨링. 말은 좋지만 시작하려고 하면 불안이 따르기 마련이다. 그리고 부모가 아이들 교육을 전적으로 책임진다는 것에 부담스러워하는 엄마 아빠도 많다. 특히 내 아이의 미래가 나와 보내는 시간으로만 정해진다고 생각하면 더욱더 그렇다. 하지만 기계를 찍어내듯 시험 결과로 줄 세우는 공교육은 더 망설여졌다. 그 경험은 이미 나로 충분했다.

아이들은 불안해하지 않는다. 아이들에게는 자신만의 흥미와 재능이 있다. 그것을 따라가면 된다. 그러면 아이들은 충분히 행복해한다. 불안한 것은 부모의 마음이다. 남들처럼 하지 않으면 뒤처질 것 같다는 불안함, 혹시 내가 아이들을 망치지는 않을까 하는 두려움이 부모에게는 있다. 이 두 가지를 이기는 용기를 가져보자.

아이들의 행복이라는 데 기준점을 두고 방향을 잘 잡는다면 홈스쿨링은 신나는 놀이가 된다.

"교육이 한 인간을 양성하기 시작할 때의 방향이
훗날 그의 삶을 결정할 것이다."

—플라톤(그리스 철학자)

03

엄마도 학교
가기 싫었어

"엄마, 나 학교 안 다닐래요. 대신 미국 유학 보내주세요! 내가 좋아
하는 책도 마음껏 못 읽고, 무조건 달달 외우는 것도 싫어요."

내가 중학교 2학년 때의 일이다. 중학교는 초등학교와 달랐다. 학기
마다 중간고사와 기말고사를 쳤다. 시험이 끝나면 어김없이 성적표가
날아왔다. 나는 열심히 시험을 준비했다. 그런데 공부 방법이 잘못되
어서인지 점수가 그리 좋지 않았다. 나는 만족스럽지 않은 성적표를
받고 실망할 새도 없이 바로 다음 시험 준비를 해야 했다. 시험 치고

속상해하고, 또 시험 치고 우울해하는 일상이 반복되었다. 다람쥐 쳇바퀴 도는 것같이 시험에 빠져 허우적거리는 삶에 점점 지쳐갔다.

'고등학생이 되면 나아질까?' 아무리 생각해봐도 고등학교에 올라가면 더 나쁜 상황이 될 것 같았다. 3년이나 더 시험에 시달릴 생각을 하니 무섭고 끔찍했다. 벗어나고 싶었다. 중학생인 내가 아는 최고의 방법은 '미국 유학'이었다. 미국으로 이민 간 사촌 오빠가 그곳의 학교생활은 한국과 다르다고 했다. 선생님과 학생들이 서로 웃으며 재미있게 수업한다고 했다. 나 역시 유학 가면 행복하게 공부할 수 있으리라 생각했다.

엄마는 내 말을 듣고도 한동안 아무 말씀이 없으셨다. 그러고는 어린 나를 설득하셨다. 지금 학교를 그만두면 사람들이 이상하게 본다고. 집안 형편도 어렵다고 하셨다. 나는 무작정 엄마를 조를 수만은 없었다.

"이제 중학생인데 학교에 가기 싫다니. 그리고 우리 집 사정은 유학 보낼 정도로 넉넉하지 않아. 정 가고 싶으면 대학 간 후에 스스로 벌어서 가렴."

오랫동안 고민해오던 나의 계획은 엄마의 한마디로 싱겁게 정리되었다. 현실에 순응하는 수밖에 방법이 없었다. 이때부터 나는 학교에 잘 적응하는 척하기 시작했다. 누가 보면 얌전한 모범생 같았다. 하지만 나는 하루빨리 학교라는 제도권 교육에서 벗어나고 싶을 뿐이었다.

나는 중학생 때 한창 책 읽기의 즐거움에 빠져 있었다. 당시 내가 좋아했던 책은 한비야의 여행기와 김진명의 소설이었다. 한비야 작가가 온 세계를 두 발로 다니며 쓴 이야기는 나에게 신선한 자극제가 되었다. 세상은 넓었고 그 속에서 다양한 사람들이 자기만의 모습으로 살아가고 있었다. 나도 그런 세상을 멋지게 누비며 살고 싶었다. 뒤에 자세히 이야기하겠지만, 나는 결혼 전 외항사 승무원으로 일했다. 어쩌면 중학생 때부터 세계의 하늘을 나는 승무원의 삶을 꿈꾸었는지도 모른다.

김진명 작가의 소설은 우리나라 역사에 대해 다시 생각하는 기회를 주었다. 교과서에 딱딱하고 건조한 문장으로 쓰인 내용은 흥미롭지 않았다. 하지만 소설 속 역사 이야기는 재미있었다. 살아 움직이듯 생생한 전개로 시간 가는 줄 모르고 읽었다. 우리나라 역사에 대해 제대로 알고 싶다는 생각이 들었다.

나는 내가 좋아하는 책을 마음껏 읽고 싶었다. 하지만 현실은 그럴 수 없었다. 학생은 시험 결과로 자신의 존재를 증명해야 했다. 시험을 잘 보려면 암기 과목에서 숫자 하나까지 다 외워야 했다. 특히 나에게는 기술 과목이 너무 어려웠다. 기계에 전혀 관심이 없던 내가 기계 다루는 방법과 과정을 외워야 한다는 건 정말 고역이었다.

친구들도 나와 비슷했다. A는 그림 그리기를 좋아했다. 만화 캐릭터는 물론이고, 클래식한 수채화까지 수준급의 실력을 갖춘 아이였다. A가 그림을 그리기 시작하면 친구들과 선생님까지 구경할 정도였다. 교내에서 상도 많이 받아 미술로 진로를 정할 줄 알았다. 하지만 그 아이는 그렇게 좋아하던 미술을 포기했다. 그림 그리는 시간이 공부에 방해가 된다는 이유에서였다. 그 소식에 친구들이 더 안타까워했다.

B는 노래를 정말 잘했다. 음악 선생님은 B가 성악을 전공하면 좋겠다고 하셨다. 음악 시간에 B가 노래 부르면 다른 아이들은 하던 일을 멈추고 집중했다. 목소리가 유난히 청아하고 맑았다. B는 전문가에게 레슨을 받기도 했다. 하지만 공부에 집중하기 위해 결국에는 음악을 그만두었다. 노래는 취미로 하고 지금은 공부할 때라고 부모님이 반대하셨기 때문이었다. 그런 B의 선택이 이해되면서도 씁쓸했다.

이렇게 아이들은 공교육의 획일화된 틀에 맞춰져서 살아갔다. 자신의 흥미나 적성보다는 어쩔 수 없는 상황으로 자신의 재능을 포기했다. 사람들은 이것을 안타까워하기보다 당연하게 여겼다. 학생은 학교생활과 공부에 충실해야 한다는 생각이 더 지배적이었다.

내가 중학생이었던 때가 20여 년 전이다. 20년 동안 학교의 모습은 얼마나 바뀌었을까? 슬프게도 지금은 그때보다 아이들에게 더 가혹한 상황이다. 우선 유치원 때부터 경쟁이 시작된다. 주변의 많은 아이가 영어 유치원에 다니고 있다. 스스로 영어의 필요성을 체감하기도 전에 부모에 의해 영어 유치원에 보내진다. 물론 적응을 잘해서 즐겁게 다니기도 한다. 하지만 내 친구의 아이는 다니기 무척 힘들어했다. 이제 겨우 일곱 살인데, 영어단어 시험을 매주 본다고 했다. 뜻도 모르는 단어를 무작정 외우려니 힘들 수밖에. 거기다 레벨 테스트로 반이 정해진다고 했다. 그 테스트를 위해서 또다시 준비해야 했다. 영어 유치원에 입학하기 위해 선행학습이 필수가 된 것이다. 일곱 살이면 영어를 자연스럽게 접해야 할 나이다. 부모가 억지로 시킨 영어를 어른이 되어서도 좋아할까?

2013년 한국보건사회연구원에서 각 나라의 학업 스트레스 지수를 조사했다. 11세에서 15세까지를 대상으로 조사한 자료에 의하면, 한국의 학업 스트레스 지수는 50.5퍼센트이다. 세계 평균 33.3퍼센트를 훨씬 넘는 수치이다. 반면에 학교생활 만족도는 18.5퍼센트로, 세계 평균 26.7퍼센트에 훨씬 못 미친다.

2020년 〈연합뉴스〉에서는 OECD 주요 국가 중 청소년 삶의 만족도를 조사해 보도했다. 이 조사에 따르면 '주관적 행복지수'에서 우리나라는 60.3점으로 최하위였다. 1위인 스페인의 118점과 비교하면 굉장히 낮은 점수였다. 2018년, 청소년의 사망 원인 1위가 자살이라는 통계청의 발표 결과와 일맥상통한다.

이런 상황을 보고도 모른 척할 수 있을까? 누구나 거치는 학창 시절이라고, 조금만 더 견디면 된다고, 대학생이 되면 원하는 삶을 살 수 있다고 말할 수 있을까? 학교에 가기 전 미취학 아동에게라도 자유롭게 놀 시간을 주면 안 될까?

나 역시 학교에 가기 싫었던 마음을 되돌아봤다. 계속되는 우리 아이들의 등원 거부가 충분히 이해됐다. 아이들이 학교나 유치원에 가기 힘들어한다면 그 마음을 이해해주자. 그리고 무슨 이유인지 귀 기울여 아이들의 속 이야기를 들어보자. 교육의 방법은 생각보다 훨씬 다양하다. 대안학교도 있고, 온라인으로 하는 재택 교육도 있다. 코로나 시대 이후 집에서 가르치는 방법은 무궁무진하게 늘어났다.

먼저 아이의 흥미를 따라가자. 자신이 좋아하는 것을 찾고, 흥미를 따라가다 보면 답을 발견할 수 있다. 그러다 보면 어느새 즐겁게 공부하는 아이를 만날 수 있을 것이다. 우리 아이들을 정해진 학교 교육에만 맡기지 말자. 공교육의 큰 틀에서 벗어나자. 아이의 호기심과 관심을 따라갈 때 진정한 아이의 행복을 찾을 수 있다.

"행복해지기 위해 어린아이에게 더 기다리라고 말해선 안 된다.
누구나 지금, 그 자리에서 함께 행복해야 한다."

— 에피쿠로스(그리스 철학자)

아이의 12년을
놓치고 싶지 않아서

"여보! 우리가 결혼한 지 얼마나 지났지?"

"이제 12년째야!"

"결혼식 한 게 엊그제 같은데 10년 하고도 2년이 더 지났다고?"

"그러게. 시간은 화살이라더니 진짜 금방이네!"

20대 후반에 결혼한 우리는 이제 40대에 들어섰다. '이렇게 시간이
속수무책으로 흐른다면 우리 아이들과의 시간은 어떻게 될까?' 아
직도 내 눈에는 어리기만 한 일곱 살 아이들인데 12년이 지나면 스무

살! 진짜 어른이잖아!' 조급한 마음이 들었다. 아이들과의 시간이 결혼생활보다 더 빨리 지나갈 것 같았다. 그 시간을 잡아야 했다. '어떻게 하면 아이들과의 시간을 잘 보낼 수 있을까?'

나는 과거의 자신을 되돌아보았다. 10대의 나는 남들보다 열심히 공부했다. 좋은 대학에 가기 위해서였다. 내가 무엇을 좋아하고 원하는지 몰랐다. 그냥 친구들이 공부하니까 나도 그래야 하는 줄 알았다. 이유도 모른 채 공부했다. 좋은 성적을 받고 싶었다. 열심히 공부해서 좋은 대학에 가는 것만이 성공이라 믿었다.

반면 부모님은 내 성적에 크게 관여하지 않으셨다. 그저 딸이 무난하게 학교에서 생활하기를 바라셨다. 하지만 나는 스스로 높은 시험 점수에 기준을 두었다. 나를 힘들게 하고 스스로 채찍질했다. 시험 결과로 다른 아이들과 비교했다. 시험 때만 되면 스트레스성 장염에 시달렸다. 그렇게 성적만 중요시하던 나의 청소년기는 행복하지 않았다.

초등학교 6년, 중학교 3년, 고등학교 3년을 더한 12년에 대해 곰곰이 생각해보았다. 이 12년의 기간이 인생을 통틀어 얼마나 중요한지. 만약 우리 아이들이 12년을 나처럼 보낸다면? 정말 끔찍했다. 우리 아이들의 12년은 나와는 달랐으면, 행복하고 즐거웠으면 했다. 공교육의 틀에 맞춰 평범하게 살기보다는 특별한 삶을 살길 원했다.

그러기 위해서 아이들을 학교에만 맡길 수는 없었다. 남을 의식하는 공부가 아니라 자신이 진정 좋아하는 것을 찾는 게 중요했다. 아이의 흥미와 관심사를 함께 찾는 엄마가 되고 싶었다. 그러던 중 가수 악동뮤지션 부모님의 인터뷰 기사를 보게 되었다. 그들의 교육 철학은 나의 가치관과 상당히 닮아 있었다. 여기에 간략히 소개해보겠다.

'악동뮤지션'은 친남매로 구성된 혼성 듀오다. 남매는 열세 살, 열살의 나이에 선교사인 부모님을 따라 몽골에 갔다. 거기서 남매는 경제적인 이유로 학교에 가지 않고 홈스쿨링을 했다. 부모님은 아이들을 공부시키기보다 좋아하는 것을 마음껏 하게 했다. 아이들은 몽골의 대자연에서 뛰어놀며 자신이 좋아하는 것을 찾아갔다. 여러 가지 시도 중 음악에 흥미를 보였다. 놀면서 노래 부르고 곡도 썼다. 부모님은 이런 아이들의 재능을 보고 아낌없이 응원했다.

특히 어머니의 칭찬법은 배울 만한 점이 많았다. 아이들이 잘한 게 있으면 환호성을 더해 칭찬했다. 높은 톤의 목소리로 환호하며 아이들을 격려해주었다. 아이들이 처음 만든 노래는 어설펐다. 그래도 최고라고 말해주는 어머니의 칭찬 덕분에 남매는 자신감을 얻었다. 성인이 된 지금도 노래를 만들면 가장 먼저 엄마에게 들려준다고 한다. 지금의 악동뮤지션은 어머니의 칭찬과 응원으로 시작된 것이다. 부모님은 자녀들이 못하는 분야에 대해서는 아쉬워하지 않았다. 대신 아이들이 좋아하고 잘하는 것을 '더' 잘하도록 지지했다. 그래서 남매는 자신들이 좋아하는 음악에 '더' 집중할 수 있었다.

이렇게 남매는 가장 중요한 10대에 부모님의 응원을 아낌없이 받았다. 그 힘으로 음악성과 창의력을 키웠다. 남매는 자연스럽게 좋아하는 음악에 몰입했다. 그 결과 악동뮤지션은 높은 음악성과 대중성으로 당당히 가요계를 접수했다.

나는 이 기사를 읽으면서 부모의 응원과 격려가 아이의 자신감에 얼마나 중요한 역할을 하는지 깨달았다. 아이들은 12년 동안 자신이 진정 좋아하는 것을 찾는다. 그리고 부모가 그것을 지지해주면 아이의 인생은 달라진다. 자신감을 얻은 아이는 인생을 살아갈 강력한 무기를 가진 것이나 다름없다. 부모는 아이들을 세심히 관찰해야 한다. 관심사를 함께 찾아보고 응원해줘야 한다.

물론 모두가 악동뮤지션처럼 되지는 않는다. 지인의 가족을 예로 들어보면, 이 가족은 자녀가 여덟 살, 열 살일 때 미국에 이민 갔다. 자녀에게 더 나은 교육 환경을 만들어주기 위해서였다. 아이들은 낯선 나라의 학교생활을 힘들어했다. 영어 못하는 아이들은 따돌림도 당했다. 그러다 미식축구부에 들어가 운동하면서 어려움을 이겨나갔다. 반면 부모는 생활비를 벌기 위해 주유소에서 하루 종일 일을 했다. 힘들게 이민 생활을 하던 부모는 아이들의 운동부 생활을 탐탁지 않게 여겼다. 어렵게 미국에 온 이유는 아이들의 공부 때문이라며 운동을 반대했다. 결국 미식축구에 흥미와 소질을 보이던 아이들은 부모의 지지를 받지 못하고 그만두었다. 이것이 트라우마가 되어 부모와 아이들의 관계가 나빠졌다.

　이렇듯 자녀에게는 부모의 역할이 절대적이다. 우리 아이들은 부모의 정서적인 지지와 응원이 필요하다. 마치 씨앗이 자라기 위해 햇빛, 토양, 물이 있어야 하는 것처럼. 우리 아이가 대학에 가기 전의 소중한 12년을 부모가 함께해주면 어떨까. 그 시간이 자양분이 되어 아이가 세상으로 나갈 때 든든한 힘이 될 것이다.

　아이의 12년은 다시 오지 않을 인생의 꽃과 같은 시기다. 이 중요한 때에 아이 혼자 모든 걸 하게 하지 말자. 대신 아이가 좋아하는 것을 찾도록 부모는 지지해주자. 그러면 아이는 자신감을 가지고 두려움 없이 세상에 맞설 수 있을 것이다.

"부모가 자녀에게 영향을 줄 수 있는 기간은 12년이다.
12년 유예기간이다."

―토머스 고든(미국 심리학자)

05

천 천 히
자랐으면 좋겠어

"애들이 벌써 일곱 살이라고?"

"부럽다. 우리 아기는 이제 돌 지났는데, 나는 언제 키우니?"

"빨리 이 시간이 지나가면 좋겠어."

"우리 애들은 언제 학교 가려나? 애들이 빨리 커야 할 텐데!"

얼마 전 모임에서 나온 대화 내용이다. 자녀들의 나이가 화제였다. 아이들의 나이가 많을수록 다른 엄마들의 부러움을 샀다. 반면 아이가 어릴수록 아이의 엄마들은 힘들다며 하소연했다. 시간이 빨리 지나가면 좋겠다고 했다.

하지만 어린아이가 자라면 엄마는 편해질까?

자녀가 유아일 경우 엄마의 손길이 많이 필요해서 힘들다고 한다. 밥 먹이는 것부터 외출하는 것까지 일일이 다 봐주어야 하니까. 아이가 초등학교에 입학하면 어떨까. 엄마가 신경 쓸 게 많아서 힘들다고 한다. 학교 과제에 학원 보내는 것도 챙겨야 하기 때문이다. 또 사춘기 자녀를 대하기는 왜 이리 힘든지. 자녀가 반항의 대명사인 중2라고 하면 절로 그 엄마를 위로하게 된다. 이렇게 자녀가 커도 그 나이에 따른 어려움이 생긴다. 아이가 빨리 자란다고 좋기만 한 것은 아닌 것 같다.

아담 샌들러 주연의 〈클릭〉이라는 영화를 인상 깊게 봤다. 이 영화의 주인공은 마이클이라는 건축가다. 그는 자녀와의 소중한 시간을 놓치고 후회하는 아빠다. 마이클은 현대인이 그러하듯 늘 바쁘고 정신없는 삶을 산다. 그는 밀려드는 직장 일에다 가족까지 돌봐야 한다. 마이클은 힘든 시간이 빨리 지나가기만을 바란다. 그러다 우연히 만능 리모컨을 얻게 된다. 버튼을 누르면 자기가 원하는 시간만큼 뒤로 갈 수 있는 리모컨이었다. 신이 난 그는 스위치를 클릭한다. 아내와의 생활도, 아이들과의 시간도 2배속으로 빨리 지나가버린다.

어느 날 마이클은 훌쩍 커버린 자녀를 보며 놀란다. 그토록 아이들이 빨리 자라길 바랐지만, 수염이 듬성듬성 난 자녀가 낯설게만 느껴진 것이다. 그는 청소년이 된 아이들과 대화를 시도하지만 아이들은 더 이상 아빠를 상대하지 않는다.

나는 이 영화를 보면서 아이와의 황금 같은 시간을 허망하게 놓쳐버린 주인공의 심정이 이해되었다. 나 역시도 현실이 빠르게 지나갔으면 좋겠다고 생각했기 때문이다. 하지만 아이들과의 시간이 실제로 빠르게 지나가버린다면 어떨까?

나의 아버지는 종종 과거 당신이 하지 못한 일을 아쉬워하신다. "너희들이 어렸을 때 좀 더 놀러 다닐걸", "가족끼리 여행을 자주 갈걸" 하고 후회하신다. 젊은 시절 아버지는 자녀와 함께 시간을 보내고 싶어 하셨다. 마음만 먹으면 언제든지 가족과 시간을 보낼 수 있다고 생각하셨다. 하지만 생각과 현실은 달랐다. 아버지는 늘 바쁘셨다. 가족끼리 얼굴을 마주 보고 식사하기조차 힘들었다. 아버지는 자녀들이 성인이 된 후에야 지난날을 떠올리며 아쉬워하신다. 그런 아버지의 모습을 보며 나도 그럴 수 있겠다 싶었다. 나는 아버지처럼 아이들과 함께하지 못한 시간을 후회하고 싶지 않다. 결단이 필요했다. 나는 아이들과 나중이 아닌 '오늘' 행복하고 싶었다. 어떻게 하면 아이들과의 이 시간을 후회 없이 잘 보낼 수 있을까?

하루는 셸 실버스타인의 《아낌없이 주는 나무》를 아이와 함께 보았다. 나무가 자신의 모든 것을 소년에게 내어주는 감동적인 고전 동화다. 하지만 나는 주인공인 나무보다 소년에게 집중했다. 그 소년에게서 우리 아이들을 보았기 때문이다.

어린 소년은 항상 나무를 찾는다. 나무 그늘에서 낮잠을 자기도 하고, 과일을 따 먹고, 또 나뭇가지에 매단 그네를 타기도 한다. 그렇게 소년은 나무를 사랑하고 자주 찾아간다. 나무 또한 소년을 항상 기다린다. 하지만 소년은 나이가 들면서 자신의 세계를 찾아 떠난다. 커버린 소년은 가끔 나무를 찾아오는데, 자신에게 뭔가 필요할 경우이다. 돈이 필요할 때, 집을 짓기 위해서, 그리고 멀리 떠나기 위한 배가 필요할 때 말이다. 성인이 된 소년은 결혼하고 자기의 일을 찾으면서 더 이상 나무를 찾지 않는다.

내가 어렸을 때는 이 나무가 자신의 모든 것을 내어주는 착한 나무라고 생각했다. 하지만 엄마가 되고 나서 보니 이 책이 달리 보였다. 나는 나무의 심정이 되어 보았다. 소년이 원할 때마다 자신의 모든 것을 내어주는 나무의 마음은 어땠을까? 커버린 소년이 더는 자신을 찾지 않을 때 나무의 마음은 어땠을까? 찰나 같던 소년과의 행복했던 시절을 그리워하고 있지 않을까?

엄마인 나에게 하는 질문이었다. 항상 엄마를 애타게 찾는 우리 아이와의 시간은 얼마나 남았을까?

아이들은 여전히 내 무릎에서 장난치고 노는 것을 좋아한다. 유치원에 가는 것보다 엄마와 노는 시간이 더 좋다고 한다. 잘 때도 항상 엄마를 찾는다. 내가 아이들에게 꼭 필요한 존재인 것 같아 행복하지만, 몸은 고단하다.

하지만 이 아이들도 시간이 지나 조금만 더 크면 달라질 것이다. 소년이 그랬던 것처럼 필요한 것이 있을 때만 엄마를 찾겠지. 아이들이 엄마를 더는 찾지 않을지도 모른다는 사실에 잠시 서글펐다. 하지만 그것은 당연한 자연의 섭리일 것이다. 아이는 때가 되면 엄마의 곁을 떠날 것이다. 하지만 엄마는 아낌없이 주는 나무처럼 늘 아이들을 기다리며 같은 자리에 있을 것이다. 그래서 결론은 지금 아이들이 나를 찾는 이때 아이들과 행복하게 보내고 싶다는 말이다.

그렇다면 아이들과의 시간을 더 가치 있게 보낼 수 있는 방법은 뭘까? 나는 아이들이 행복한 동시에 엄마도 행복해지는 방법을 찾기로 했다. 우리 아버지가 그랬던 것처럼 지나간 시간을 후회하고 싶지 않았다. 빨리 자라는 아이들을 붙잡고 싶었다. 나중에 아이들이 성인이 되면 '그때 우리 참 좋았지'라고 기억하길 바랐다. 아이들이 엄마를 절실히 찾는 이 순간을 좀 더 행복하게 보낼 방법은 없을까?

나는 자녀와 행복한 시간을 보내는 방법이 적힌 책을 읽었다. 그 방법은 간단하지만 깊은 울림을 주었다. 잭 캔필드의 《Chicken Soup for the Expectant Mother's Soul》이라는 책이다. 이 책은 미국 베스트셀러 《영혼을 위한 닭고기 수프》 시리즈 중 한 권으로, 국내에는 아직 소개되지 않았다. 이 책에서 '내가 다시 아이를 키우게 된다면'이라는 글의 일부분을 소개한다.

첫째, 아이들과 더 많이 더 자주 웃는다. 아이들을 잘 키우는 최고의 방법은 아이들을 행복하게 해주는 것이다. 아이들이 웃고 떠들 때 부모 노릇을 하느라 심각해지지 마라.

둘째, 아이의 말을 더 귀 기울여 들어준다. 아이들이 하는 말을 가벼운 수다로 여기지 마라. 아이가 어렸을 때 하는 말을 잘 들어주면, 아이는 커서도 부모와 자신의 고민을 나누게 된다.

셋째, 아이를 좀 더 격려해주고 지지해준다. 아이가 잘한 일이 있을 때 충분히 칭찬한다. 아이를 잘 키우고 싶다면 격려하는 것이 비난하는 것보다 훨씬 좋은 방법이다. 아이의 실수를 찾고 비판하는 것은 아이의 자존감을 떨어뜨린다. 반면 격려는 아이의 자신감을 세워주고 성숙하게 해준다.

넷째, 아이와의 식사시간을 급하게 처리해야 할 일처럼 여기지 말자. 식사시간을 그날 일어난 일에 대해 충분히 대화할 수 있는 시간으로 만들어라.

나는 이 책을 보고 다짐했다. 아이와 함께하는 순간을 즐거워하자. 아이가 빨리 자라기만 고대하지 말자. 아이의 관심사를 따라가고 좋아하는 것을 하기로 하자. 아이가 자라는 이 시간을 즐기자.

지금 이 시기의 내 아이가 가장 예쁘고 아름다운 법이다. 아이가 자라는 시간을 음미하고 싶다. 아이가 천천히 자랐으면 좋겠다. 아이와 보내는 시간을 존중하고 아이의 말에 귀 기울이고 싶다.

한때는 독박육아가 힘들다고 이 시간이 빨리 지나가기만을 바랐던 적도 있었다. 하지만 지금은 아이의 가장 예쁜 때를 혼자 '독점'한다고 생각하기로 했다. '독박'을 '독점'으로 바꿔 생각하니 아이와의 이 시간이 기적처럼 느껴졌다.

"순간을 소중히 여기다 보면, 긴 세월은 저절로 흘러간다."

—마리아 에지워스(영국 소설가)

06

내 아이의 행복이
먼 저 라 면

"아빠, 여기 거미가 있어요."
"노란 거미인 걸 보니 호랑거미 아니면 무당거미 같아요."
"거미줄에 달린 물방울이 꼭 보석 같아요."

가족과 산책하던 중에 아이들이 거미를 발견했다. 전날 비가 내려
거미줄에 빗방울이 송알송알 맺혀 있었다. 아이들은 물에 젖은 거미
줄이 예쁘다며 만지고 싶어 했다.

아이들과 함께 하는 산책은 언제나 즐거웠다. 산책하면서 맞닥뜨리

는 예상치 못한 만남을 아이들은 늘 기대했다. 그날은 유독 거미가 눈에 잘 띄었다. 누가 먼저랄 것 없이 우리는 거미 찾기 시합을 했다. 거미 이름 맞히는 놀이도 했다. 이름을 모르는 거미는 특징을 잘 기억해 뒀다가 집에 와서《곤충 도감》을 뒤적여가며 확인해보았다.

이렇게 산책은 우리 가족만의 놀이다. 거미 찾기, 솔방울 줍기 등 매일 다른 모습으로 놀았다. 엄마 아빠와 예쁜 솔방울 줍기 시합을 했다. 아이들은 누구 것이 더 예쁜지 물었다. 다람쥐처럼 숲을 누비고 다녔다. 가족과 산책하는 시간이 가장 즐겁다는 아이들. 깔깔대며 웃었다. 아이들의 행복한 웃음소리가 공중에 퍼졌다.

아이들의 행복은 부모와의 관계에서 온다. 아이들에게 부모는 신처럼 강력한 존재다. '신은 자신의 손길이 다 미치지 못하는 곳에 어머니를 보냈다'라는 말도 있지 않은가. 그만큼 부모의 말 한마디는 아이에게 절대적이다. 아이는 부모의 말과 눈빛을 통해 행복이란 감정을 느낀다. 부모의 한마디가 아이들을 행복하게 혹은 불행하게 만들 수 있다. 아이가 부모와 함께 하는 시간을 좋아한다면, 아이가 자주 웃는다면 그것이 행복 아닐까.

"아이의 행복은 곧 자존감으로 연결됩니다." 하버드 교육대학원 조세핀 김 교수가 EBS〈부모특강〉에서 한 말이다. 자존감 높은 아이는 어려운 상황에서도 스스로를 믿고 극복한다. 한결같이 자신을 존중한다. 김 교수는 부모와의 관계가 잘 정립된 행복한 아이의 사례를 들었다. "너는 어쩌면 그렇게 행복해 보이니?" 남달리 특별해 보이는 한 학생에게 물었단다. 그는 자신의 아버지 이야기를 들려주었다고 했다. 그의 아버지는 자동차 수리공이었다. 아버지는 퇴근하면 자녀 일곱 명을 한 명씩 무릎에 앉혔다. 그리고 자녀와 함께 'You and Me' 시간을 가졌다. "오늘 하루 어땠니?"라는 아버지의 질문에 아이는 자신의 하루를 이야기했다. 아이는 기름으로 얼룩진 아버지의 손가락을 물티슈로 닦아주었다. 이렇게 일곱 명의 자녀는 아버지와 매일 일대일로 대화했다. 이런 시간이 쌓여 아이는 행복을 느끼며 자랐다. 행복감에 자존감이 높아진 아이는 열심히 공부했다. 결국 미국 최고의 명문 하버드대에 입학했다.

우리나라는 어떨까? 대부분의 부모는 아이와 따뜻한 말 한마디, 눈빛 한 번 나눌 여유가 없다. 부모의 마음은 늘 분주하다. 아이와 함께 하는 지금에 집중하기보다 아이의 나중을 걱정한다. 지나친 걱정으로 아이에게 하나라도 더 가르치려 한다. '이게 다 아이를 위해서'라고 생각한다.

지인 중에 아이의 학원비를 벌기 위해 맞벌이하는 부부가 있다. 부모는 일로 바쁘고, 아이는 학원에서 시간을 보낸다. 부모의 사랑을 받을 나이에 정작 부모와 보내는 시간은 하루 중 얼마 안 되는 것이다. 과연 아이는 행복할까?

이런 현실을 반영하듯 한국 어린이 '행복지수' 결과는 충격적이다. 세계에서 최하점이 나왔다. 2012년 연세대학교 사회발전연구소에서 발표한 OECD 국가의 어린이, 청소년 행복도 결과다. 한국은 69.29점으로 23위인 꼴찌였다. 행복지수가 가장 높은(113.6점) 스페인과 큰 차이를 보였다. 이 행복지수는 건강, 학교생활 만족도, 삶의 만족도, 소속감, 주변 상황 적응, 외로움을 조사해 나온 점수다. 최하의 행복지수는 ADHD, 게임 과몰입, 정서적 불안 같은 부작용을 수반한다.

왜 이런 결과가 나왔을까? 나는 부모와 함께 하는 시간이 적어서라고 생각한다. 2015년 〈연합뉴스〉에서 조사 발표한 결과를 보면 한국 어린이들이 부모와 함께 하는 시간은 하루 평균 48분이었다. OECD 평균 151분에 비해 우리나라는 현저히 적다. 특히 한국 아빠와 아이의 교감 시간은 하루 단 6분으로 조사됐다. 이 역시 OECD 국가 중 가장 낮은 시간이다. 이렇듯 부모와의 시간을 충분히 갖지 못한 아이들은 자신이 행복하지 않다고 느낀다.

행복한 어린이의 비중이 가장 낮은 나라가 한국이라니, 얼마나 슬픈 현실인가. 하지만 내가 만난 아이들을 생각하면 금세 수긍이 갔다. 피아노학원에서 아이들을 가르칠 때 보면 학원을 뺑뺑이 도는 아이가 많았다. 엄마 아빠의 퇴근 시간까지 여러 학원을 순례한다는 아이들의 푸념이 아직도 잊히지 않는다.

나는 우리 아이가 행복했으면 좋겠다. 당장 한글을 몰라도 좋다. 아이가 엄마와 함께 산책하면서 즐거웠으면 좋겠다. 오늘 행복한 아이가 내일도 행복하지 않을까.

그럼 아이가 행복감을 느끼게 하려면 어떻게 해야 할까? 나는 아이의 시간으로 들어가보기로 했다. 아이들이 노는 것을 지켜보기보다 나도 '같이' 놀기로 했다. 엄마가 먼저 즐겁게 아이와 시간을 보낸다면 아이 역시 신나고 행복할 것이다.

올해 여름 집 근처 공원에 갔다. 잠자리를 잡기 위해 뛰어다니던 아이가 갑자기 소리쳤다. "엄마, 여기 좀 봐요! 장수풍뎅이예요." 재빨리 달려가보았다. 진짜 야생 장수풍뎅이였다. "우와! 진짜 멋지다. 뿔이 엄청나게 커!" 나는 목소리 톤을 높여 감탄했다. "등껍질 봐봐! 반짝이는 게 마치 갑옷 입은 것 같아. 책에서만 보다가 진짜를 찾다니! 너희들 정말 대단한데?" 내가 아이들보다 더 신났다. 엄마의 칭찬에 아이들은 어깨를 으쓱했다. 큰아이가 맨손으로 덥석 풍뎅이를 잡았다. "우와! 너 안 무서워? 정말 용감하네." 엄마의 말에 아이들은 풍뎅이를 키우고 싶다고 외쳤다.

풍뎅이를 조심스레 집으로 데려왔다. "《곤충 도감》찾아볼까?" 나와 아이들은 장수풍뎅이의 특징과 습성을 찾아 읽었다. 우리가 찾은 장수풍뎅이는 뿔 달린 수컷이었다. 야행성인 데다 참나무에 살며 달콤한 나무 수액을 좋아한다. 알에서 유충을 거친 성충의 수명은 1년 미만이다. 유튜브에서 풍뎅이 영상도 찾아봤다. 아이들의 장수풍뎅이에 대한 관심은 나날이 커졌다.

"장수풍뎅이 알도 한번 보고 싶어요." 마침 온라인에서 장수풍뎅이 암컷을 팔고 있었다. 짝을 이뤄줄 암컷 한 마리와 먹이를 샀다. 아이들이 잘 관찰할 수 있도록 커다란 플라스틱 통도 준비했다.

나의 시선을 아이의 눈높이에 맞추고 싶었다. 아이의 즐거움에 함께 풍덩 빠지고 싶었다. 나는 아이의 나이로 다시 돌아가보기로 했다. 일곱 살 아이에게 살아 있는 생명체는 얼마나 신비로울까? 아이들과 함께 매일 장수풍뎅이를 관찰했다. 풍뎅이 먹이인 젤리를 매일 갈아주었다. 단 과일을 좋아한다고 해서 특식으로 바나나와 수박도 주었다. 짝짓기할 때를 아이들과 함께 기다렸다.

도서관에 가서는 《장수풍뎅이 탐구 백과》를 빌렸다. 장수풍뎅이가 주인공인 동화책도 함께 빌렸다. 우리는 매일 풍뎅이 책을 읽고 공부했다. 풍뎅이 그림도 그려보았다. 우리 가족은 풍뎅이로 인해 이야깃거리가 풍성해졌다. 나 역시 아이가 되어 곤충의 세계에 푹 빠졌다. 아이들과 나는 장수풍뎅이로 함께 행복했다.

아이와 행복한 시간을 보내려고 노력하는 부모가 있다. 바로 악동뮤지션의 부모님이다. 그들은 사소한 것도 아이들과 함께 했다. 삼일절날 아이들과 함께 태극기를 만들었다. 가족이 함께 등산하며 삼일

절이 어떤 날인지 이야기했다. 그리고 산 정상에서 태극기를 흔들며 '대한 독립 만세'를 외쳤다.

엄마는 만화를 좋아하는 딸과 함께 웹툰을 보며 이야기를 나눴다. 엄마는 온라인에서 만화 보는 게 생소했다. 하지만 딸이 좋아하니까 엄마는 함께 했다. 그로 인해 대화가 더 풍부해졌다.

또 한 달에 두 번 가족 영화관을 열었다. 가족이 함께 모여 예능 프로그램이나 영화를 보았다. 커다란 스크린과 첨단 음향시설은 없었지만 아이들은 엄마 아빠의 체온을 느끼며 즐겁게 영화를 보았다. 가족이 함께 수다 떨며 보는 영화로 아이들은 행복해했다.

이렇게 일상의 작은 일부터 부모가 함께 한 아이들은 자존감이 높았다. 이는 악동뮤지션의 음악에 고스란히 반영되었다. 예를 들어 〈DINOSAUR〉란 음악을 들어보면 자신의 어렸을 적 이야기를 노래한다. 가난했던 시절의 두려움을 가사에 녹여냈다. 여기에 아름답고 독특한 멜로디를 더했다. 진정성 있는 음악은 대중의 공감을 얻었다. 그들만의 음악 색깔은 다른 가요와는 분명한 차이가 있다. 자신이 누군지 알고 스스로 믿는 힘이 음악을 통해 그대로 흘러나왔다. 바로 어릴 적 부모와 함께 한 시간이 그들의 단단한 자존감을 만들었으리라.

무엇보다 아이의 행복이 먼저다. 아이의 행복은 자존감에서 나온다. 부모와 친밀한 시간을 많이 보낸 아이들은 공통적으로 자존감이 높다. 아이와 시간을 많이 보내자. 아이의 시간으로 들어가보자. 그러면 아이는 자존감이 높아지고 결국은 행복한 아이가 될 것이다.

"행복은 무르익은 과실처럼 운 좋게 저절로 입안으로
굴러들어오는 것이 아니다. 끊임없이 쟁취해야 하는 것이다."

— 버트런드 러셀(영국 철학자)

2

홈스쿨링을 하면 별난 엄마일까?

01

천 재 들 의
검증된 교육법

조지 워싱턴(미국 초대 대통령), 에이브러햄 링컨(미국 16대 대통령), 안데르센(덴마크 동화작가), 톨스토이(러시아 문호), 아인슈타인(독일 물리학자), 슈바이처(독일계 프랑스 의사), 피에르 퀴리(프랑스 물리학자), 볼프강 아마데우스 모차르트(오스트리아 음악가), 토머스 에디슨(미국 발명가), 앤드류 카네기(미국 강철왕)….

이들의 공통점은 무엇일까? 모두 홈스쿨링 출신이라는 점이다. 이들은 모두 학교에 다니지 않고 집에서 부모에게 교육받았다. 이들은 홈스쿨링을 통해서도 충분히 자신이 가진 재능을 꽃피울 수 있음을 보여주었다.

홈스쿨링의 사전적 의미는 '학교에 가는 대신 부모한테 교육을 받는 재택 교육'이다. 홈스쿨링의 장점은 아이의 흥미 위주로 자율적이고 탄력적인 수업이 가능하다는 것이다. 아이가 가진 잠재력과 능력을 홈스쿨링을 통해 최대로 끌어올릴 수 있다. 앞서 언급한 인물들은 대부분 자수성가한 사람들이다. 그들은 타인에 대한 배려와 지성이 뛰어났다. 이렇게 누구와도 비교되지 않는 자신만의 고유한 성품으로 자녀를 키울 수 있다는 것이 바로 홈스쿨링 교육의 매력이다.

그렇다면 부모가 집에서 자녀들을 가르치는 방법은 무엇이 있을까? 여기에 잘 알려진 두 가지 종류의 홈스쿨링 방법을 소개하겠다.

① 칼 비테 교육법

칼 비테(Karl Witte, 1767~1845)는 19세기 독일의 천재학자 칼 비테 주니어(Jr. Karl Witte)의 아버지다. 독일의 교육자였던 그는 50대 늘그막에 얻은 아들이 미숙아로 태어났다. 하지만 아버지 칼 비테는 실망하지 않고 자신만의 특별한 방법으로 아들을 키웠다. 그는 자신의 경험과 노하우를 담아 1818년 《칼 비테 교육법(The Education of Karl Witte)》이란 책을 썼다. 이 책은 지난 200년간 전 세계 자녀교육 분야 베스트셀러로 많은 부모가 읽었다. 또한 미국 책 리뷰 웹사이트인

〈goodreads〉에서 좋은 평판을 받았다. 한 독자는 '부모들이 그와 같이 교육한다면 혁명이 일어날 것'이라고 했고, 또 '17세기에 쓰인 칼 비테의 교육법은 지금의 교육보다 훨씬 낫다'는 반응도 있었다.

칼 비테의 아들 칼 비테 주니어는 아버지의 헌신적인 교육으로 9세에 독일어, 프랑스어, 이탈리아어, 라틴어, 그리스어 5개 언어를 구사했다. 또 10세에 최연소로 라이프치히 대학교에 입학했고, 13세에 기젠 대학에서 철학박사 학위를 받았다. 16세에는 하이델베르크 대학교에서 법학박사 학위를 취득했다. 이렇게 아버지 칼 비테는 '천재는 태어나지 않고 만들어진다'는 사실을 몸소 보여주었다.

그는 아이의 호기심을 통한 일상생활에서의 학습을 강조했다. 또 자녀와 여행하면서 토론하는 것을 즐겼다. 이런 칼 비테 교육법을 나도 아이들에게 적용하고 싶었다. 어떻게 하면 아이들이 일상에서 배울 수 있을지 고민했다. 그러다 아이들이 다섯 살이 되던 여름, 나와 아이들은 '제주도 한 달 살기'에 도전했다.

"환경을 바꾸면 시선이 바뀌면서 새로운 발견이나 깨달음을 얻을 수 있습니다."

이지성 작가의 《내 아이를 위한 칼 비테 교육법》에 나오는 말이다. 나는 제주도에서 한 달 살기를 하는 동안 아이들이 한 뼘 더 자라길 바랐다.

우리는 제주도의 자연환경을 자주 이용했다. 특히 제주도의 특징인 오름에 자주 올랐다.

"엄마, 오름이 뭐예요?"

"제주도는 화산이 폭발해서 생긴 섬이야. 그때 작은 폭발로 생긴 것이 오름이래. 오름 꼭대기에 올라가면 분화구 흔적이 보인다는데 같이 가볼까?"

나와 아이들은 다양한 오름에 올랐다. 그중에서 우리는 '아부 오름'을 특히 좋아했다. 이곳은 300여 미터의 높이로 완만한 경사라 아이들도 쉽게 올라갔다. 정상에는 1,400미터 둘레의 커다란 분화구가 보였다. 방풍나무가 빽빽이 들어선 이곳을 아이들은 거대한 우주선을 탄 것 같다며 좋아했다.

또 368개의 제주도 오름 중 유일하게 유네스코 세계자연유산에 등재된 '거문 오름'도 기억에 남는다. 456미터 높이의 거문 오름에 오르려면 가파른 계단을 올라가야 한다.

"엄마! 왜 거문 오름만 자연유산에 올랐어요?"

"응! 거문 오름에서 흘러나온 용암이 만들어낸 동굴들이 있어! 그게 연구 가치가 엄청나대!"

우리는 유네스코가 어떤 곳인지, 자연유산이 무엇인지 대화하면서 오름을 올랐다. 오름에서 내려온 후에는 전시 갤러리에 들러 제주도 관련 사진을 관람했다. 또 4D 극장 영화를 보며 제주도의 역사에 대해 더 깊이 배웠다.

② 하브루타 교육법

미국 미디어 회사 〈유에스뉴스앤드월드리포트(U.S. News & World Report)〉에서 '천재들의 비밀: 20세기를 조각한 세 명의 위인'을 발표한 적이 있다. 그 세 명은 바로 아인슈타인, 프로이트 그리고 마르크스였다. 20세기에 큰 발자취를 남긴 이들은 모두 유대인이다.

2011년 6월 방송된 〈EBS 세계의 교육현장: 유대인의 가정교육〉 편을 보면 유대민족의 저력에 대해 알 수 있다. 유대인은 세계 인구의 0.2퍼센트밖에 안 되지만, 역대 노벨상 수상자의 22퍼센트를 차지한다. 게다가 미국 명문 대학인 아이비리그 학생의 23퍼센트가 유대인이고, 그들은 미국 억만장자의 40퍼센트를 차지한다.

그렇다면 유대인은 어떻게 세계적으로 영향을 미쳤을까? 유대인은 어떻게 세계의 부와 권력을 차지했을까? 그것은 유대인이 어릴 때부터 하브루타 교육을 받았기 때문이다. 《시사상식사전》에 따르면 하브루타는 '짝을 이뤄 서로 질문을 주고받으면서 공부한 것에 대해 논쟁하는 유대인의 전통적인 토론 교육방법'이라고 설명되어 있다. 《탈무드》의 저자인 마빈 토케이어는 이렇게 말했다.

"질문하라! 이것이 5000년 유대 교육의 비밀이다."

유대인들은 지식을 단순히 암기하지 않는다. 대신, 질문과 토론을 하면서 자기 생각을 말하는 습관을 기른다. 이 습관은 아이들의 비판적 사고력과 창의력을 키운다. 이런 하브루타 교육은 유대인이 사회에서 리더로 자리 잡는 근간이 되어준다.

나 역시 질문과 토론의 중요성을 깨달은 일이 있었다. 내가 다닌 미국 대학원의 수업은 대부분 토론 위주였다. 교수님은 강의 후 학생들끼리 모여 토론을 하게 했다. 학생들은 서로 질문하고 대답하며 자신의 의견을 활발히 나누었다. 하지만 한국에서 공부했던 나는 토론 수업이 익숙하지 않았다. 사람들 앞에서 내 의견을 말하는 게 어려웠다. 그저 강의를 듣는 것에만 익숙해 있었다. 나는 토론 때 말없이 듣기만 했다.

하루는 수업 후에 교수님이 나를 불렀다. 교수님은 강의안을 보았냐고 물었다. 교수님은 이 수업에서 낙제하지 않으려면 토론에 적극적으로 참여해야 한다고 했다. 나는 집에 와서 찬찬히 강의안을 살펴보았다. 거기에는 발표와 토론 참여 점수 비중이 월등히 높게 나와 있었다. 대학원을 무사히 졸업하려면 나는 토론에 참여해야 했다. 용기가 필요했다.

그때부터 나는 다른 학생들이 발표하는 걸 자세히 관찰했다. 그들은 꼭 정답을 말하지 않더라도 자기 생각을 자유롭게 표현했다. 그러면 또 다른 학생이 거기에 자신의 의견을 더했다. 나는 정답을 말해야 하고, 적절한 질문을 해야 한다는 부담이 있었다. 사람들 앞에서 질문하고 내 생각을 말하는 게 두려웠다. 만약 내가 어릴 때부터 내 생각을 자유롭게 말하고 질문해왔더라면 어땠을까? 아쉬웠다. 나는 내 자녀에게만큼은 자기 생각을 표현하는 연습을 시켜야겠다고 생각했다.

지금은 스마트폰만 있으면 누구나 지식을 쉽게 검색할 수 있다. 몇 번의 클릭으로 정보를 얻는다. 지식을 단순히 암기하는 것은 이제는 중요하지 않다. 그 정보를 적절히 통합하고 융합한 '나'의 주장이 중요하다. 스스로 생각하는 지혜가 필요하다. 아이들이 그 힘을 배울 수 있는 좋은 방법이 바로 하브루타다.

유대인 부모는 학교에서 돌아온 아이에게 '오늘 학교에서 뭘 배웠니?'라고 묻지 않는다. 그 대신 '오늘 선생님께 무슨 질문을 했니?'라고 묻는다. 유대인 부모는 질문의 중요성을 잘 알고 있기 때문이다. 이런 부모 밑에서 교육받은 유대인 아이들은 질문하는 것을 두려워하지 않는다.

칼 비테 교육법과 하브루타 교육법은 천재들의 검증된 교육법이다.

이것으로 우리 아이들에게 접근해보자. 그러면 홈스쿨링이 한결 쉬워질 것이다. 이것이 바로 우리 자녀의 잠재력을 극대화하는 교육법이다. 학교나 사설 기관에 아이를 맡기기보다는 검증된 방법으로 엄마가 직접 가르쳐보면 어떨까.

"아이는 모두 태어나는 순간에 레오나르도 다빈치가 일생에 걸쳐서
사용한 것보다 높은 지능의 잠재력을 가지고 있다.
아이는 배우고 싶어 하며, 바로 지금 배우고 싶다고 생각한다."

—글렌 도만 (미국 인간능력개발연구소 소장)

02

조 기 교 육 이
아닌 적기 교육

"Do you like it, Caillou?"
"Make a wish, Caillou."

우리 아이들은 네 살 때 처음으로 유치원에 갔다. 미국에서 엄마랑
홈스쿨링을 하다가 한국에 들어와서 간 첫 유치원이다. 선생님은 나
에게 첫날은 가볍게 분위기만 파악하라고 했다. 그날은 4세 반 아이
들이 그동안 준비했던 짧은 영어 연극을 공연했다. 아이들은 교육 애
니메이션 〈까이유(Caillou)〉의 한 장면을 연기했다.

그런데 아이들이 영어 대사를 다 외워서 말하는 것이 아닌가? 알고 보니 숙제로 매일 〈까이유〉 대본을 암기한 것이었다. 영어권 나라에 살았으면서 영어 한마디 못하는 우리 아이들. 그리고 한국에 살면서 영어로 말하는 유치원 아이들. 나는 큰 충격을 받았다.

나는 4세의 영어는 듣기만으로도 충분하다고 생각했다. 하지만 유치원 아이들은 영어뿐 아니라 중국어, 일본어, 스페인어, 러시아어도 같은 방식으로 학습했다. 아이들은 매일 일정 분량을 엄마와 반복해서 따라 읽고 암기했다. 이렇게 어릴 때부터 받는 조기교육이 한국의 현실인 것 같아 쓸쓸했다.

조기교육이란 무엇일까? 사전에서는 '학령에 도달하지 않은 아동에게 일정한 커리큘럼에 따라 실시하는 교육이다. 대체로 만 4, 5세 아동을 대상으로 유아의 지적 잠재력을 조기에 개발하거나 훈련하는 것을 목적으로 한다'라고 정의하고 있다. 조기교육의 또 다른 말은 선행학습이다.

육아정책연구소에서 '영유아 교육·보육비용 추정연구'를 조사했다. 발표에 따르면 2017년 영유아 1인당 월평균 사교육비는 11만 6,000원, 연간 3조 7,000억 원 규모다. 내 아이만 뒤처질지 모른다는 부모의 불안 때문에 조기교육이 판을 치는 것이다.

조기교육 찬성론자들은 '뇌 발달이 완성되는 3세 이전에 교육해야 한다'라고 주장한다. 하지만 뇌 전문가인 서유헌 교수는 이를 반박했다. 그는 조기교육이 아이의 뇌 발달을 저하한다고 본 것이다. 그의 말에 따르면 "아이들의 뇌는 신경회로가 완전히 발달하지 않았기 때문에 과도한 선행교육이 자녀들의 '준비되지 않은 뇌'를 손상한다"고 했다.

한국유아교육학회 회장인 이기숙 교수도 조기교육을 부정적으로 바라보았다. 그녀는 조기교육이 아이의 창의성, 사회성, 정서 발달에 좋지 않은 영향을 준다고 했다. 자신의 책 《적기교육》에서 '사교육 걱정 없는 세상'의 연구결과를 인용했다. 이 연구결과에 의하면 선행학습이 '학업 스트레스, 주의집중력 저하, 문제해결 능력 저하' 등 부정적인 영향을 미치는 것으로 나타났다. 또 사교육을 많이 받을수록 '과잉 행동, 신경질, 퇴행 행동, 공격성'이 더 심하게 나타났다.

이처럼 아이를 위한 조기교육이 오히려 창의성, 사회성과 정서 발달에 부정적일 수 있다.

조기교육의 대안은 무엇일까? 그것은 바로 적기 교육이다. 적기 교육이란 아이들의 발달 단계와 준비 정도에 맞춰 교육을 하는 것이다. 그러니까 시기에 맞는 교육을 한다는 의미다. 그렇다면 적기 교육을 해야 하는 이유는 무엇일까? 이기숙 교수는 《적기교육》에서 그 이유를 설명했다.

① 조기교육은 아이의 성적에 큰 영향을 미치지 않는다

부모는 아이의 성적을 위해 조기교육을 시킨다. 하지만 이기숙 교수의 연구결과에 따르면, 조기 사교육은 성적과 큰 연관성이 없다. 그녀는 조기교육의 효과를 실험했다. 연구팀은 선행학습을 한 5세 그룹과 그렇지 않은 5세 그룹을 비교했다. 5년에서 10년 동안 아이들의 성적을 비교하며 분석했다. 결과는 두 그룹 간에 큰 성적 차이가 없었다. 연구팀은 조기 사교육이 아이의 성적에 큰 영향을 미치지 못한다고 결론 내렸다.

② 자기주도학습이 아이의 성적 향상에 긍정적인 영향을 미친다

이기숙 교수는 성적이 자기주도 학습능력과 밀접하다고 주장했다. 한국개발연구원(KDI) 김희삼 박사의 연구도 이를 뒷받침했다. 연구결과에 따르면, 부모가 월 100만 원의 사교육비를 더 썼을 때, 학생의 수능 성적은 전국 4등 오르는 효과가 있었다. 하지만 자기주도 학습시간을 하루에 2시간 늘린 학생은 수능 성적이 전국 7만 등 상승하는 효과가 있었다. 즉 아이의 성적은 조기 사교육이 아닌, 스스로 공부하는 힘에 달려 있다는 말이다.

③ 조기교육은 아이의 정서에 부정적인 영향을 미친다

아이의 흥미와 관심을 고려하지 않은 조기 사교육은 스트레스를 준다. 심하면 아이가 우울증을 겪는다. 2011년, 한림대 소아청소년정신과에서 사교육과 아동 정신건강의 연관성을 연구했다. 그 결과, 아이가 하루 4시간 이하 사교육을 받은 경우, 15퍼센트 정도가 우울증 증상을 보였다. 하지만 아이가 4시간 이상 사교육을 받은 경우, 30퍼센트 정도가 우울증 증상을 보였다. 이처럼 부모의 지나친 조기 사교육은 아이의 정서 발달에 해롭다.

그렇다면 부모는 어떻게 적기에 맞게 교육할 수 있을까?

아이의 호기심을 자세히 관찰하면 적기를 발견할 수 있다. 아이가 어떤 것에 호기심을 보일 때가 바로 배움의 적기다. 모든 배움에는 아이 스스로 호기심을 갖는 시기가 있다. 바로 그 순간이 배우기 좋을 때다. 피터 드러커 경영대학원 심리학과 교수인 미하이 칙센트미하이 교수는 다음과 같이 말했다.

"아이들에게 호기심이 가장 중요하다고 생각한다. 호기심은 본질적인 것이다. 만약 아이들이 호기심을 갖고 몰입한다면 결국 창의적인 사람이 될 것이다."

아이마다 발달의 정도와 시기는 다르다. 하지만 한 가지 확실한 것은 '아이가 관심을 가질 때' 가장 효과적으로 학습이 이루어진다는 것이다.

적기 교육의 핵심은 '때를 놓치지 않는 것'에 있다. 아이가 호기심을 가질 때 부모는 아이의 발달 수준과 흥미를 고려하여 교육을 시작해야 한다. 아이의 적기 교육 시기가 궁금하다면 평소 아이를 잘 관찰해보자. 아이를 사랑과 관심의 눈으로 본다면 그 적기를 '절대' 놓치지 않을 것이다. 아이가 학습에 호기심을 가지는 때, 그때가 바로 배움의 적기다.

"적기 교육은 제때에 출발한 아이가 목적지에 정확히 도착한다는 것이다."

—이기숙(이화여대 유아교육과 교수)

내 아이의 다중
지능을 찾아라

"네 아이큐가 115라는구나. 그냥 평범하대."

내가 초등학생 5학년 때였다. 학교에서 전교생에게 아이큐 검사를 실시했다. 얼마 후 담임 선생님은 엄마가 찾아오면 아이큐를 알려준다고 했다. 나는 두 분의 면담을 통해 내 아이큐 지수를 알게 되었다. 결과는 평균 범위에 속했다. 그리 뛰어나지도 않고, 그리 낮지도 않은 수치. 그때부터였을까? 나는 스스로 평범한 사람이라고 여겼다.

아이큐 지수는 1905년 프랑스의 알프레트 베네가 정신지체아를 선별하기 위해 만든 지표다. 아이큐 검사를 통해 학습능력을 측정하고, 지능 발달이 느린 아이들을 선별했다. 하지만 아이큐 검사는 인간의 사회적·정서적 능력은 측정하지 못했다. 또 아이큐 지수로 지능을 서열화하는 부작용이 따랐다.

"사람은 누구나 다른 영역의 지능을 한 가지 이상 갖고 있다."

미국 심리학자인 하워드 가드너의 말이다. 하버드 대학교 심리학 교수이기도 한 그는 영재들의 모습을 꾸준히 연구했다. 그리고 아이큐 검사만으로 영재들을 설명하기 어렵다고 판단했다. 가드너 교수는 세상에 다양한 사람이 있는 만큼 지능도 다양한 것이라고 주장했다. 그 결과 1983년, '다중 지능 이론'을 내놓았다. 이는 인간의 지능은 단일하지 않고 여러 능력으로 구성된다는 이론이다. 그는 지능의 여덟 가지 영역을 새롭게 조명했다. 바로 언어 지능, 수학 지능, 공간 지능, 음악 지능, 신체운동 지능, 대인관계 지능, 자기성찰 지능 및 자연탐구 지능이다.

언어 지능은 말하기, 듣기, 읽기, 쓰기 능력으로 구성된다. 언어 지능이 강점인 아이들은 말을 잘하고 책 읽기를 좋아한다. 수학 지능은 수학적 상징체계를 잘 다루는 능력이다. 수학 지능이 뛰어난 아이들은 어떤 사실을 증명하거나 추리를 잘한다. 공간 지능은 공간을 이해하고 공간 관계를 효과적으로 표현하는 능력이다. 공간 지능이 높은 아이들은 레고 조립을 잘하거나 지도를 잘 본다. 음악 지능은 리듬, 음정, 음색으로 구성된 음악의 상징체계를 이해하고 창조하는 능력이다. 음악 지능이 강점인 아이들은 노래 부르기, 노래 만들기, 악기 연주를 좋아한다.

신체운동 지능은 몸의 움직임을 표현하고 창조하는 능력이다. 신체운동 지능이 뛰어난 아이들은 춤을 잘 추고 운동을 좋아하며, 몸으로 자신의 감정을 잘 표현한다. 대인관계 지능은 사람들의 기분이나 동기를 잘 파악하고 사람들을 효과적으로 이끌거나 따르는 능력이다. 대인관계 지능이 높은 아이들은 친구를 좋아하고 친구의 감정에 공감을 잘한다. 자기성찰 지능은 자신의 감정과 관심을 잘 알고 다스리는 능력이다. 자기성찰 지능이 강점인 아이들은 자신의 미래에 대해 관심이 많고 감정 조절을 잘한다. 자연탐구 지능은 식물과 동물의 공통점이나 차이점을 찾고 분석하는 능력이다. 자연탐구 지능이 뛰어난 아이들은 자연 속에서 노는 것을 좋아하고 동식물에 관심이 많다.

다중 지능 이론에서는 사람들의 강점 지능이 서로 다르다. 그리고 개인은 여덟 가지 영역 중에 뚜렷한 두각을 보이는 강점 지능과 그렇지 않은 약점 지능을 지니고 있다. 아이들도 마찬가지다. 부모는 자녀들이 강점 지능을 일찍 발견할 수 있도록 도와줘야 한다.

부모가 아이의 어떤 지능이 높은지 아는 것은 아주 중요하다. 이

것이 아이의 미래와 행복에 직결되기 때문이다. EBS 방송의 〈다큐프라임-아이의 사생활, 다중 지능〉 편에서 흥미로운 실험을 했다. 성인 2,700명을 대상으로 직업과 적성에 관한 설문 조사를 한 것이다. 그중에 자신의 직업에 불만도가 높은 여덟 명을 대상으로 다중 지능 검사를 해보았다. 그 결과, 놀라운 점이 발견되었다. 그들의 강점은 현재 직업과 무관했다. 하지만 그들의 강점은 자신이 희망하는 직업과는 일치했다.

한편 자신의 직업 분야에서 성공한 사람들에게 다중 지능 검사를 해보았다. 이들은 자신의 강점과 현재 직업이 일치했다. 대부분 성공한 사람들은 자신의 강점을 잘 활용했다. 그들은 자신이 좋아하고 잘하는 분야를 확실히 알았다. 자신의 강점 지능이 무엇인지 알고 잘 활용하는 사람은 일에 대한 만족도가 높았다.

어떻게 하면 우리 아이의 강점 지능을 알 수 있을까? 바로 관찰이다. 아이가 무엇에 호기심을 보이는지 자세히 관찰하자. 아이가 좋아하는 관심 분야가 강점 지능이 될 가능성이 크다. 엄마는 아이의 강점 지능이 능력이 되도록 도와줄 수 있다.

아이의 강점 지능을 알기 위해서는 엄마의 관찰이 무엇보다 중요하다. 하지만 아이와 보내는 시간이 많다고 해서 아이를 잘 안다고 생각하면 큰 오산이다. 아이를 그냥 보는 것과 주의 집중해서 보는 것 사이에는 큰 차이가 있기 때문이다. 집중적인 관찰은 엄마에게 아이의 새로운 모습을 발견하는 기회를 제공해주기도 한다.

그렇다면 어떻게 관찰해야 할까? 아이의 모든 것을 자세히 봐야 한다. 즉 일상생활 속에서 아이가 무엇에 주로 시간을 사용하는지, 관심 분야는 무엇인지, 좋아하고 싫어하는 것은 무엇인지 집중해서 관찰해야 한다. 엄마가 아이를 집중해서 볼수록 더 많은 것을 발견할 수 있다. 그 정보를 바탕으로 아이에게 최적화된 길로 아이를 이끌 수 있다.

다자녀라면 엄마는 한 명씩 집중해서 관찰해야 한다. 아이들은 저마다 다른 강점 지능을 가지고 있기 때문이다. 우리 아이들은 쌍둥이로 태어났지만 서로 완전히 달랐다. 둘째는 한글을 곧잘 읽고 수학을 좋아했다. 숙제를 내주면 책임감 있게 끝냈다. 그에 반해 첫째는 학습에 관심이 없었다. 가만히 앉아 있는 것을 힘들어했다. 나는 학습에 임하는 두 아이의 다른 태도에 걱정이 되었다.

그러나 곧 첫아이를 자세히 관찰하면서 자연을 참 좋아한다는 것을 알게 되었다. 자연에서 놀 때 큰애의 눈은 반짝이고 생기가 돌았다. 한번은 놀이터에서 다른 아이들과 놀던 중 사마귀가 나타났다. 다른 친구들은 어른 손가락 길이의 사마귀가 무서워 소리를 질렀는데, 큰애는 망설임 없이 덥석 맨손으로 사마귀를 잡는 게 아닌가. 그제야 두려움에 물러나 있던 아이들이 큰애에게 다가갔다. 아이들은 함께 사마귀를 관찰하며 즐거워했다.

또 한번은 우리 가족이 숲을 산책하고 있을 때였다. 갑자기 장수풍뎅이 한 마리가 나타났다. 둘째가 "장수풍뎅이다"라고 소리쳤다. 우리 가족은 모두 한 발짝씩 물러나 조용히 풍뎅이를 지켜보았다. 그런데 그때 첫째가 덥석 맨손으로 풍뎅이를 잡는 것이었다. 수컷 장수풍뎅이의 뿔이 공격적이라 무서울 법도 한데, 첫째는 아무 거리낌이 없었다. 풍뎅이의 발톱은 갈고리 모양이라 나무에 기어오르거나 붙어 있기에 좋다. 하지만 맨손으로 잡으면 손에 상처가 날 만큼 따갑다. 그런데도 첫째는 꿋꿋하게 장수풍뎅이를 한참 동안 쥐고 있었다. 덕분에 아이들은 야생 장수풍뎅이를 자세히 관찰한 후에 자연으로 다시 돌려보낼 수 있었다. 이렇게 첫째 아이는 자연 속에서 안정감을 느꼈고, 자연 안에서 늘 자신감이 넘쳤다. 이 아이는 자연탐구 지능이 높은 아이였다.

아이가 가진 고유성을 존중하는 것이 바로 다중 지능 이론이다. 다중 지능이란 측면에서 보면 누구나 한 가지 분야에 강점을 가지고 있다. 그리고 그 강점을 따라가는 것이 진정한 교육이라고 말한다. 하나의 수치로 아이의 지능을 판단할 수 없다. 각기 다른 아이들이 각자에게 맞는 적성을 찾는 것이 중요하다.

뇌의 능력을 한 가지 영역의 지수로만 한정 지을 수는 없다. 아이가 가진 고유성을 존중해주자. 여덟 가지 다른 지능에서 우리 아이만의 강점이 무엇인지 살펴보자. 엄마가 아이의 흥미와 재능을 주의 깊게 관찰할 때 내 아이의 강점 지능을 발견할 수 있다. 또 엄마가 강점 지능을 바탕으로 아이의 진로 선택을 돕는다면 아이의 장래는 밝을 것이다.

"아이가 관심 있어 하는 것을 북돋워주면 그것이 아이의 인생에서
가장 중요한 것이 될 것이다."

一하워드 가드너(하버드대 교육학과 교수)

04

내　아이의
메타인지 능력은
엄마가 키운다

　내가 중학생일 때였다. 기말고사를 대비해 교과서를 여러 번 읽었다. '이 정도면 충분하겠지.' 시험 준비를 마친 나는 자신감이 들었다. 하지만 시험 당일, 확실히 풀 수 있는 문제는 몇 개 없었다. 안다는 느낌만으로 시험을 치기엔 역부족이었다. 친구들에게 자신 있게 설명할 수 없는 지식, 그것은 진짜 나의 지식이 아니었다. 내가 아는 것을 설명하고 말로 구현할 수 있는 능력. 중학생의 나는 메타인지가 부족했다.

　메타인지(metacognition)란 교육심리학 용어로, 자신이 아는 것과 모르는 것에 대해 인지하는 것이다. 즉 나에 대해 정확히 아는 것이 메타인지다. 이것은 자기 자신을 비추는 거울과도 같다. 하늘에서 나를 보듯 자신을 객관적으로 판단하는 것이다.

또 메타인지로 자신이 모르는 부분을 찾을 수 있다. 그리고 그것을 해결할 방법을 생각해볼 수 있다. 다시 말해 나의 부족한 부분을 빠르게 채우는 능력이 바로 메타인지의 힘이다.

이 능력은 우리 아이들이 살아가는 데 있어 굉장히 중요하다. 메타인지를 통해 아이들이 문제점을 스스로 찾아내고 해결할 수 있기 때문이다. 스스로 인생을 살아나가는 강력한 힘을 기를 수 있다.

메타인지 능력이 우수하면 어떤 장점이 있는지 세 가지를 살펴보자.

① 나 자신에 대해 알게 된다

초등학생이 드론대회에서 우승했다. 무려 고등학생까지 참여한 대회였다. 이 아이는 누구일까?

SBS 〈영재 발굴단〉에 출연했던 '드론 천재', 진도영 군이다. 도영이는 초등학교 4학년에 전국대회에서 우승했다. 학교의 방과 후 수업에서 배운 드론. 유튜브를 보면서 스스로 드론 조종법까지 익혔다. 드론만 연구하면 시간 가는 줄 모르고 빠져들었다. 도영이는 자신이 무엇을 좋아하는지 분명히 알고 있었다.

드론에 인공지능 기능도 장착해보았다. 인공지능을 탑재한 드론. 물체를 인식하면 스스로 피할 수 있었다. 혁신적이었다. 드론 연구는 더 이상의 공부가 아니었다. 도영이가 드론을 가지고 즐겁게 노는 것, 이것이 바로 공부였다.

도영이가 유튜브를 보며 스스로 학습하는 것, 자기에게 필요한 것을 스스로 배우는 것, 이것이 바로 메타인지의 힘이다.

② 나에게 부족한 부분을 스스로 보충할 수 있다

EBS 〈부모특강: 0.1%의 비밀〉에서 흥미로운 실험을 했다. 성적이 상위권인 학생들과 하위권인 학생들, 과연 이들의 차이는 무엇일까? 그것은 공부량이나 아이큐에 있지 않았다. 바로 내가 무엇을 알고 모르는지에 대한 메타인지 능력, 이것에 따라 성적에 큰 차이가 났다.

내가 무엇을 모르는지 정확히 아는 상위권의 학생들. 이들은 시험 범위에서 자신이 모르는 부분을 집중적으로 공부했다. 짧은 시간, 자신의 부족한 부분에 매진했다. 좋은 성적이 나왔다.

반면에 하위권 학생들은 자신이 어떤 부분을 모르는지조차 잘 몰랐다. 어느 과목의 어느 부분을 중점적으로 공부해야 할지 인지하지 못했다. 이들은 같은 시간 동안 시험을 준비했지만, 결과는 좋지 않았다.

이처럼 메타인지란 내가 얼마만큼 할 수 있는가에 대한 스스로의 판단이다. 내가 모르는 부분에 대해 어떻게 보완해야 하는지, 어떤 계획과 실행을 해야 하는지 스스로 평가하게 된다. 자기에게 필요한 공부와 활동이 무엇인지 자신이 잘 아는 것. 내가 아는 것과 모르는 것을 정확히 아는 것, 이것이 메타인지의 힘이다.

③ 메타인지로 학업 성취도가 높아진다

메타인지가 높으면 목표나 학업에 대한 성취도는 자연스럽게 따라온다. 아이가 무엇을 알고 좋아하는지 알게 되면 그 분야에 파고드는 것은 시간문제다. 나의 흥미 분야가 무엇인지 잘 아는 게 공부의 기본이다. 내가 좋아하는 분야를 잘 알고 파고든다면 그것이야말로 가장 좋은 공부다.

그렇다면 어떻게 해야 우리 아이의 메타인지를 높여줄 수 있을까? 내가 아이들과 홈스쿨링을 하면서 터득한 메타인지 키우는 방법 세 가지를 소개해보겠다.

① 아이를 세심히 관찰하고 그 필요를 채워준다

아이가 무엇을 좋아하고 어디에 흥미를 보이는지 엄마는 잘 관찰해야 한다. 아이가 자주 언급하는 말이나 어떤 종류의 책에 흥미를 보이는지 세심한 관찰과 반응은 엄마만이 가능하다.

우리 아이는 어느 순간부터 나폴레옹 이야기를 자주 했다. 나폴레옹 위인전을 들고 와서 읽어달라고 졸랐다. 책 표지에는 검은 모자를 쓴 나폴레옹이 백마를 타고 있었다. 한 손은 하늘을 향해 치켜들었고, 멋진 망토를 휘날린 채였다. 매서운 그의 눈빛에는 용맹스러움이 넘쳤다. 아이는 그 모습에 빠져들었다.

한번은 나폴레옹의 검은색 삼각 모자가 쓰고 싶다고 했다. 나는 아이들과 함께 문구점으로 가서 검은 펠트 천을 샀다. 아이 머리에 맞게 재단한 다음 손바느질로 나폴레옹 모자를 만들었다. 금색 은장도 달았다. 아이는 이 모자를 쓰고 나폴레옹처럼 멋진 표정을 지어 보였다.

자신이 좋아하는 것이 분명히 생기자 스스로 공부하기 시작했다. 프랑스어와 프랑스 역사를 책에서 찾아보았다. 혼자서 프랑스의 나라 이름, 위치를 지도에서 찾아보았다. 그렇게 프랑스라는 글자를 깨우치고 읽기 시작했다. 나폴레옹이란 인물로 인해 프랑스라는 나라까지 좋아하게 된 것이다. 나중에 프랑스의 유명한 건축물인 에펠탑에도 가보고 싶다고 했다. 이렇게 아이의 관심을 관찰하고 도와주는 게 메타인지를 높이는 방법이다.

② 아이와 다양한 경험을 한다

다양한 경험을 하게 되면 내가 무엇을 좋아하고 싫어하는지 알게 된다. 아이가 좋아하는 것을 분명히 알았으면 그것에 관한 다양한 경험을 해본다. 연계 활동을 하는 것이다. 박물관, 전시회, 음악회 같은 문화 공간도 좋다. 야외로 나가기 곤란하면 집에서 유튜브 영상을 찾아보는 것도 방법이다. 직접 눈으로 보고 체험하는 게 좋지만, 영상을 보는 것도 아이의 지식을 확장하는 데 도움을 준다. 이렇게 체험한 것을 집에서 간단하게 만들어본다. 클레이로 만들거나 종이에 그림을 그려도 좋다. 또 아이가 직접 가족 앞에서 그 내용을 발표하게 해본다. 이렇게 하면 아이가 좋아하는 분야를 자신의 지식으로 만들 수 있다.

우리 아이가 한창 로켓에 빠져 있을 때였다. 우리 가족은 과학박물관을 찾았다. 거기서 실제 크기의 로켓을 보았다. 로켓 조종실도 체험해보았다. 또 4D로 로켓을 타고 우주를 여행하는 영상도 보았다. 집에 와서는 클레이로 로켓을 만들고, 그림을 그려보기도 했다. 가족 앞에서 '내가 만들고 싶은 로켓'이라는 주제로 발표도 했다. 이렇게 아이의 관심사로 다양한 경험을 했다. 아이는 로켓에 대해 진지하게 공부하고 싶어 했다. 로켓이 멀리 있는 지식이 아니라 살아 있는 지식으로 다가왔다.

③ 다양한 독서를 한다

책은 간접경험을 할 수 있는 가장 좋은 도구이다. 직접 체험할 수 없는 분야도 책으로 만나면 글과 사진을 통해 배울 수 있다. 엄마가 아이에게 다양한 분야의 책을 골라주거나 아이와 상의해서 골라보자. 아이가 흥미를 보이거나 빠져드는 책이 있으면 비슷한 주제의 다양한 책을 보여주는 게 좋다.

이렇게 내 아이의 메타인지를 엄마가 직접 키워보자. 자녀가 좋아하는 것을 찾도록 도와주자. 아이를 세심하게 관찰하면 무엇을 선호하는지 알게 된다. 그에 따라 자녀의 성향과 미래까지 가늠할 수 있다. 이 중요한 능력은 엄마만이 키워줄 수 있다.

자신이 좋아하는 것을 분명히 알면 그 분야에 흠뻑 빠지는 것은 시간문제다. 나중에는 혼자서 연구하는 때가 온다. 그것이 아이의 메타인지 발달의 시작이다. 경쟁과 선행학습이 주가 된 한국 교육에서는 내 아이에게 꼭 맞는 메타인지를 찾는 게 무엇보다 중요하다.

자신의 메타인지를 통해 스스로 학습하는 사람이 되는 것. 그것이 메타인지의 최종 목표다. 메타인지는 평생 키워나가야 할 삶의 방법이다.

"내가 남들에게 설명할 수 있는 지식이 진짜 지식이다."

—김경일(아주대 교수)

05

속 도 보 다
방 향 성

"중요한 것은 네가 무엇을 향해 가느냐 하는 것이지, 어디에 도착하느냐가 아니다." 생텍쥐페리는 《우리가 사랑해야 하는 이유》에서 이렇게 말했다. 우리의 삶에서 방향은 매우 중요하다. 정확한 방향성이 없는 배는 원하는 목적지에 도착할 수 없다. 특히 아이를 키우는 것은 확고한 방향성을 요구한다. 이것이 없다면 엄마도 아이도 모두 힘들다. 만약 육아 방향성이 없다면 어떻게 될까?

첫째, 엄마의 기분에 따라 육아가 좌지우지된다. 지인 중 한 엄마는 아이들이 핸드폰으로 영상 보는 것을 절대 금했다. 혹시라도 아이들이 핸드폰 영상을 보면 호되게 혼을 냈다. 하지만 엄마가 피곤한 날이면 아이들에게 핸드폰 영상을 보여주었다. 엄마의 기분과 상황에 따라 달라지는 육아 방식에 아이들은 혼란스러웠을 것이다. 그녀의 아이들은 엄마에게 물었다. "왜 엄마는 엄마 마음대로 해요?"

둘째, 육아에 확신을 갖지 못한다. 육아 방향성의 부재는 엄마뿐만 아니라 아이까지 힘들게 한다. 엄마는 육아 철학이 없기에 남들이 좋다고 하는 걸 따라 하기 바쁘다. 그러면 아이는 이리저리 끌려다닐 수밖에 없다.

우리 아이들이 여섯 살 때 함께 영화관에 간 적이 있다. 그곳에는 학습지 회사 홍보 부스가 세워져 있었다. 부스 앞에서는 알록달록한 풍선을 나누어주며 아이들의 관심을 끌었다. 그러면서 우리 아이들의 나이를 물었다. "아이들이 여섯 살이면 지금부터 준비해야죠." 그는 우리에게 학습지 샘플을 보여주었다. 수학, 국어, 한자, 과학, 영어, 일본어, 중국어 등 다양했다.

"다들 벌써 학습지를 하고 있어요!"

"뒤처지지 않으려면 지금이라도 빨리 시작해야 해요."

우리 아이들만 안 한다는 말에 나는 혼란스러웠다. 원래 학습지를 시킬 생각은 전혀 없었다. 하지만 다른 아이들이 다 한다는 말에 나는 흔들렸다. 지인의 자녀도 한자 학습지를 한다고 했던 게 생각났다.

나도 아이들에게 뭐라도 시켜야 할 것 같았다.

그때 한 사건이 생각났다. 2003년, 대학생일 때 나는 피아노학원에서 아이들을 가르쳤다. 20년 전의 일이지만 아직도 한 아이가 기억에 남는다. 그 아이는 피아노학원에 오자마자 못마땅한 얼굴로 학원 가방을 바닥에 던졌다. 내가 무슨 일이냐고 물었다.

"선생님, 제가 학원을 몇 개나 다니는 줄 알아요?"

"몇 개 다니는데?"

"여덟 개요! 저 엄청 바빠요."

아이는 한숨을 쉬면서, 자기가 방과 후 학원을 뺑뺑이 돈다고 말했다.

'A는 학원을 열 개 다니는데 성적이 전교 상위권이래! 너도 그렇게 해야지'라는 엄마의 말 때문이었다. 아이의 얼굴에 지친 기색이 역력했다. 피아노, 영어, 논술 등 얼마나 바쁘고 힘든지 투정하던 아이를 마냥 나무랄 수만은 없었다. 나는 그 아이를 보면서 아이를 낳으면 다른 사람의 말에 따라 휘둘리는 육아는 하지 않기로 결심했다.

나의 육아 방향성에 대해 진지하게 생각해보았다. 나는 우리 아이들의 고유성을 인정하며 아이들과 행복하게 지내고 싶었다. 아이들의 인생에 꼭 필요한 부분에 집중하고 싶었다. 지식의 습득 속도보다 교육의 방향이 중요하다고 늘 생각해온 터였다.

다중언어기반 영재교육기관의 김선녀 원장은 "부모가 확고한 교육 철학을 가지고 중심을 잡는 게 중요하다. 아이는 저마다 성향도 다르고 성장 속도나 행동발달도 모두 다르므로 '내 아이는 내가 제일 잘 안다'라는 자신감을 가지고 아이에게 최적화된 교육에 대해 고민해야 한다"라고 밝혔다. 그녀는 엄마가 확고한 육아 철학을 가지고 있을 때, 자신감을 가지고 아이를 교육할 수 있다고 강조했다.

육아 방향성을 잃지 않기 위해서 나만의 육아 철학이 필요했다. 방향성을 지킬 수 있는 육아 철학. 나는 정보의 홍수 속에서 중심을 잡아야 했다. 넘어지지 않는 단단한 육아가 필요했다. 아이들을 위해 중요한 것을 선택하고, 그것에 집중하는 육아가 필요했다. 나는 많은 육아 서적과 논문을 찾아보며 오랫동안 고민했다. 그렇게 세운 나의 육아 철학 세 가지를 소개해보겠다.

① 엄마도 아이도 편한 육아를 한다

나는 마음이 편안한 육아를 지향한다. 엄마도 아이와 함께 공생하며 성장하는 삶을 추구한다. 나는 엄마와 아이가 서로에게 편안한 사이가 되길 원한다. 내가 아이들과 함께 있을 때 가장 자연스러운 내가 되고, 아이들도 엄마와 함께 있을 때 마음이 편했으면 좋겠다. 아이들이 편안함을 느끼며 자랄 때, 엄마인 나도 편안하게 육아하며 성장할 것이다.

② 육아의 끝을 생각한다

나에게 육아의 최종 목표는 아이를 내 품으로부터 잘 떠나보내는 것이다. 그러기 위해서는 부모가 아이 스스로 자립하고 성장하도록 도와야 한다. 육아의 끝을 생각하면 아이와 함께하는 모든 순간이 소중해진다. 나는 육아 과정을 즐기며 작은 일에 일희일비하지 않을 것이다. 아이가 독립하기 전까지 함께 보내는 시간을 감사하며 생활할 것이다.

③ 아이를 비교하지 않고 아이가 가진 고유성을 인정한다

아이의 부족함보다 아이만의 장점을 인정한다. 내가 미국에 살 때 좋아하던 단어가 있다. 'BeYouTiful'이란 단어다. 남과의 비교 없이 자신이 될 때가 가장 아름답다는 뜻이다. 나는 이 단어를 육아에도 적용하기로 했다. 우리 아이들의 장점을 인정하기로 했다.

나는 이렇게 육아의 방향성을 정했다. 그리고 나만의 홈스쿨링을 위해 집중할 다섯 가지를 선택했다.

① 책 육아를 한다

책은 세상을 배우는 가장 좋은 도구다. 책을 통해 아이들이 좋아하는 관심 분야를 발견한다. 또 책으로 아이들과 부모는 서로의 생각을 나누며 대화할 수 있다. 엄마가 먼저 책을 읽는 모습을 보여주면,

아이들도 책을 사랑하게 된다.

② 체험학습을 한다

미술관, 박물관, 여행 등 야외 활동을 자주 한다. 책을 통해 배운 지식을 직접 경험함으로써 살아 있는 지식이 되도록 한다.

③ 엄마와 함께 매일 두 시간씩 공부한다

영어, 한글, 수학, 독서, 음악, 미술, 체육을 조금씩 공부한다. 매일의 힘은 아무도 이길 수 없다.

④ 생활습관을 루틴으로 만든다

같은 시간에 같은 행동을 함으로써 규칙적인 습관을 만든다. 매일 오전에 학습하고 오후에는 야외 활동을 한다. 그리고 이른 저녁을 먹고 8시에 잔다.

⑤ 가족 간의 소통을 중요시한다

가족이 모두 모여 대화하는 식사시간을 소중히 여긴다. 식사할 때 아이와 대화하면서 여유롭게 먹는다.

나는 아이의 삶에 있어 좋은 동반자가 되고 싶다. 아이한테 좋은 친구이자 보호자가 되고 싶다. 엄마도 아이와 함께 성장하길 원한다.

그러기 위해서는 엄마가 뚜렷한 육아 철학을 가지고 중심을 잡으며 아이를 키워야 한다. 나는 내가 선택한 것들에 집중할 것이다. 오늘도 우리는 이렇게 살아간다.

"우리의 현재 위치가 소중한 것이 아니라
우리가 가고자 하는 방향이 소중한 것이다."

─올리버 웬델 홈스(미국 의학자 · 소설가)

3

특별한 아이를 만드는
미국 엄마들의 홈스쿨링 교육법

01

미국 엄마들은
왜 홈스쿨을
선택할까?

"세상에! 홈스쿨링으로 가르친다고요? 그것도 자녀 여섯 명 모두 다요?"

2003년, 대학생이던 나는 미국에서 홈스테이를 할 기회가 생겼다. 미국 현지인 집에서 한 달 동안 살기. 나의 호스트 가정은 시애틀에 사는 로우스 가족으로, 자녀 여섯 명과 부부가 사는 집이었다. 아이들은 다섯 살부터 열일곱 살까지 다양했다. 그런데 아이들은 학교 대신 집에서 부모와 함께 공부했다. 당시 그 광경은 나에게 신선한 충격이었다! 어떻게 부모가 아이들 여섯 명을 모두 집에서 가르칠 수 있을까?

나는 그들과 한 달 동안 같이 지내면서 자연스럽게 홈스쿨링 가정의 모습을 지켜봤다. 로우스 가족은 집안일도 서로 도와서 했다. 매 끼니도 순번을 정해서 부모와 아이들이 같이 준비했다. 공부도 즐겁게 했다. 아이들은 늘 웃었고 부모와 대화하며 학습했다. 아이들이 밝고 즐거워 보였다. 나는 육 남매 중 첫째와 자주 대화를 나눴다. 집에서 공부하면 어떤지 묻는 내 질문에 그녀는 자신이 좋아하는 책을 많이 읽고 가족과 함께하는 시간이 좋다고 했다. 그렇게 홈스쿨링에 대한 나의 첫인상은 좋은 기억으로 남았다.

미국에서는 매년 홈스쿨링하는 학생 수가 증가하고 있다. 2020년 8월, 국립가정교육연구소(National Home Education Research Institute)에 따르면 미국 내 홈스쿨링 학생 수가 약 250만 명이 넘는다고 한다. 미국 학령기 아동의 3~4퍼센트를 차지하는 비율이다. 게다가 코로나로 인해 홈스쿨링 인구가 적어도 10퍼센트가량 증가하리라 예측했다. 이처럼 많은 학생이 집에서 부모로부터 교육 받는다.

그렇다면 홈스쿨링을 하는 미국 엄마들이 그런 선택을 한 이유는 무엇일까? 나는 10년간 미국에서 홈스쿨링을 하는 가정을 관찰했다. 그리고 미국 엄마들이 홈스쿨링을 선택하는 데는 몇 가지 결정적인 이유가 있기 때문이라는 결론을 내렸다.

① 내 아이를 위한 맞춤형 교육이 가능하기 때문이다

학교에 다니면 주어진 과목을 다 공부해야 한다. 뿐만 아니라 거기에 따른 시험 준비도 해야 한다. 하지만 홈스쿨링의 강점은 내 아이를 위한 맞춤형 교육을 한다는 것이다. 아이의 재능과 관심사에 집중해서 교육할 수 있다. 아이들은 흥미를 따라서 공부하기 때문에 학습을 즐거워한다.

내가 홈스테이했던 가정의 셋째는 아홉 살 소년이었다. 탈것에 관한 모든 것을 좋아했다. 특히 기차에 관해서는 전문가였다. 그 아이는 기차에 관한 거의 모든 책을 읽었다. 또 나라별로 다른 기차의 특징을 줄줄이 외웠다. 기차가 처음 만들어진 때부터 어떻게 기차가 발전했는지 정확히 알았다. 기차를 통해 미국의 역사와 다른 나라 기차의 특징까지 공부했다. 자신의 관심사를 철저히 따라가는 교육, 바로 홈스쿨링이어서 가능하지 않을까.

② 부모의 아이에 대한 이해가 깊어지기 때문이다

2018년 업로드된 유튜브 〈아란 TV〉에서 미국 엄마에게 홈스쿨링을 하는 이유를 물었다. 미국 엄마는 "자신의 아이는 엄마가 가장 잘 안다. 학교에서 이삼십 명 학생을 관리하는 선생님이 모든 아이를 잘 알기는 힘들다"라고 했다. 그리고 홈스쿨링이 학생뿐 아니라 엄마에게도 좋은 이유를 덧붙였다. 우선 엄마가 아이의 관심사와 필요를 쉽게 파악할 수 있다. 홈스쿨링을 하면 아이에 대해 교사에게 전해 듣는 것이 아니라 엄마가 직접 아이의 상태를 체크할 수 있기 때문이다.

그리고 엄마는 아이의 고민이나 학습 수준을 빠르게 파악할 수 있다는 점을 두 번째로 들었다. 홈스쿨링으로 아이의 학습 성과에 따른 부모의 이해가 높아지는데, 아이들이 공부할 때 어떤 부분을 잘하고 어디가 부족한지 바로 확인할 수 있기 때문이다. 게다가 빠른 해결책도 제시할 수 있다는 장점도 있다. 마지막으로, 엄마가 자녀와 친밀한 관계를 맺을 수 있다. 종일 같이 있으면서 아이와 긴밀한 애착이 형성될 뿐만 아니라 내 아이를 얼마나, 어떻게 격려해야 할지 자연스럽게 알게 된다는 것이다.

③ 아이에게 독립심과 자립심을 길러주기 때문이다.

유튜브 〈아란 TV〉에서 이번에는 홈스쿨링을 하는 학생들을 인터뷰했다. 그들은 자신이 생각하는 홈스쿨링의 장점을 말했다. 우선 자발적 결정과 책임감이 생긴다. 홈스쿨링은 공교육의 틀을 따라가기보다 스스로 선택하고 공부하는 것이기 때문이다. 두 번째로 자신에 대해 알게 된다. 자신이 어떤 과목을 좋아하는지 알게 되고 자신의 수준에 맞는 학습이 가능하다. 마지막으로, 비교 없이 자신의 고유성에 집중한다. 성적만 중요시하는 학교에서 벗어나 자신이 진정으로 공부하고 싶은 분야에 몰두할 수 있기 때문이다.

④ 자율적인 시간 관리가 가능하기 때문이다

홈스쿨링의 가장 좋은 점은 가족 중심으로 아이들의 일정을 짤 수 있다는 것이다. 홈스쿨링에 필요한 체험학습을 주중에 갈 수 있다. 박물관, 국립공원, 미술관, 여행 같은 체험이 교육에서 얼마나 중요한지 모르는 사람은 없을 것이다. 이러한 활동을 주말이나 방학에 숙제처럼 하지 않고 주중에 여유롭게 할 수 있다면 얼마나 좋겠는가. 이처럼 부모와 아이가 상의해서 자유로운 커리큘럼을 만드는 것이야말로 홈스쿨링의 최대 장점이다.

얼마 전 나는 홈스쿨링하는 영국 엄마가 쓴 《가족여행하며 홈스쿨링》이란 책을 읽었다. 여덟 살, 열한 살 두 아이와 부부가 6개월간 유럽 5개국과 중국을 여행하며 쓴 책이다. 평범한 영국 엄마가 대담하게 여행과 교육을 한꺼번에 시도했다. 그녀는 철저하게 아이들의 흥미와 배울 것 위주의 여행을 짰다. 성적만 중시하는 영국의 교육제도에 회의를 느꼈기 때문이다. 그녀는 자녀들이 학교라는 배움의 틀에서 벗어나길 바랐다. 여행하며 살아 있는 역사를 몸으로 체험하길 원했다. 그래서 자신의 자녀에게 새로운 교육의 기회를 제공하고자 '로드 스쿨'을 기획한 것이다.

공룡과 화산, 무기에 관심이 많은 열한 살 아들을 위해 암스테르담 국립미술관, 베를린 자연사박물관, 이탈리아의 베수비오산을 다녔다. 레오나르도 다빈치에 푹 빠져 있던 여덟 살 딸을 위해 다빈치의 작품을 관람하는 일정을 짰다. 그렇게 그녀는 자녀에게 세상의 모든 길이 학교임을 알려주었다. 앞에서도 말했듯이 홈스쿨링의 최대 장점은 가족의 상황에 맞는 교육 커리큘럼을 짤 수 있다는 것이다.

⑤ 코로나 시대에 딱 맞는 교육법이기 때문이다.

다섯 번째 항목은 코로나 시대를 맞아 추가한 것이다. 코로나로 인해 현재의 화두는 '안전'이 되었다. 이것은 공부하는 학생도 안전한 공간이 필요하다는 말이다. 홈스쿨링은 지금 이 시대에 더 관심받는 공부법이다. 콜로라도 대학교 케빈 웰너 교수는 이렇게 말했다.

"코로나는 사람들이 이전에 진지하게 고려한 적이 없는 다른 교육 옵션이 있다는 것을 알게 해주었다. 사람들은 교육의 의미와 자녀에게 가장 적합한 방법에 대해 틀 밖에서 유연성을 가지고 생각할 수 있게 되었다."

코로나 대유행의 위기가 지나면 학생들은 다시 학교로 돌아갈 것이다. 하지만 홈스쿨링의 장점을 체험한 1~2퍼센트의 아이들은 그것을 고수하게 될 것이라며, 코로나 위기에 부모들은 자녀에게 무엇이 맞는지 결정하기 위해 노력하고 있다고 케빈 웰너 교수는 덧붙였다.

미국 엄마들이 아이들을 집에서 가르치는 가장 큰 이유는 결국 아이들의 '행복'을 위해서다. 부모가 홈스쿨링이라는 중압감의 벽을 깨고 나온다면 아이들에게 더 나은 배움의 세계가 열린다. 아이들이 진정으로 행복하길 원한다면 공교육에만 자녀를 맡기지 말자. 대신 아이들의 목소리를 귀 기울여 듣고 수용해주자. 아무나 할 수 없지만, 누구나 할 수 있는 게 홈스쿨링이다. 내가 그 누구나가 되어보면 어떨까.

"교육은 통을 채우는 것이 아니라 불을 밝히는 것입니다."

—윌리엄 버틀러 예이츠(아일랜드 시인)

02

미국 도서관에는
특별한 것이 있다

"우리 도서관으로 놀러 갈까?"

미국에 살면서 내가 아이들에게 자주 했던 말이다. 세 살 무렵, 호기심이 왕성했던 우리 아이들은 주변을 탐색하기 좋아했다. 나는 집에만 있는 아이들의 생활 반경을 넓혀주고 싶었다. 우리 아이들과 비슷한 또래의 옆집 아이는 벌써 데이케어에 다녔다. 데이케어란 한국의 어린이집처럼 보육을 담당하는 미국의 사설 기관이다. 주변에선 아이가 영어를 배우기 위해서라도 데이케어에 보내라고 권했다. 하지만 가난한 유학생인 우리 부부에게는 힘든 일이었다.

데이케어에는 못 가지만 나는 부족함 없이 아이들에게 좋은 것을 주고 싶었다. 엄마인 내가 직접 아이들의 언어능력 발달을 도울 방법은 없을까? 그런 고민을 하던 중 놀이터에서 우연히 한 미국 엄마와 대화하게 되었다. 자신이 직접 자녀 네 명을 홈스쿨링으로 키우는 엄마였다.

"많은 자녀를 엄마 혼자 어떻게 가르치나요?"

그녀는 아이들과 공공 도서관을 자주 간다고 했다. 도서관 프로그램을 이용해 홈스쿨링을 한다는 말이었다. 나는 마음속으로 유레카를 외쳤다. '그래! 바로 이거야!' 버지니아 울프도 말하지 않았는가.

"도서관을 뒤져보면 그곳이 온통 파묻어놓은 보물로 가득 차 있음을 알게 된다."

이 보물창고가 아이들과 함께 활동하기에 좋은 장소일 거라는 예감이 들었다. 그렇게 나와 아이들은 한국으로 돌아오기 전까지 동네 도서관을 내 집처럼 들락거렸다. 3년 정도 다니자 자연스레 미국 도서관의 장점이 보였다. 나와 아이들이 경험한 미국 도서관의 좋은 점 네 가지를 소개하겠다.

① 도서관은 아이들이 활동하기에 최적의 장소다

도서관은 책을 보는 데 편안한 분위기를 제공했다. 도서관 곳곳에 유아 의자, 탁상 그리고 소파와 카펫이 놓여 있었는데 아주 아늑한 느낌을 주었다. 통유리 밖으로 보이는 초록 나무들이 눈을 시원하게 해주었다. 책과 자연이 만나는 지점에서 나의 마음도 차분해졌다. 더운 여름이나 추운 겨울, 실외에서 활동하기 주저될 때도 도서관은 최고의 장소였다. 날씨와 관계없이 도서관은 아이들이 쉬면서 책을 보기에 좋았다. 도서관 안 카페에서는 언제나 커피 향이 났다. 아이들이 도서관을 자기 집처럼 여기며 편안하게 책을 읽고 대화하는 모습이 좋아 보였다.

도서관에는 우리 아이들 또래가 많았다. 아이들은 도서관 곳곳을 자유롭게 돌아다녔다. 재잘거리며 끊임없이 말했다. 하지만 이를 제지하는 분위기가 아니었다. 누구 하나 뭐라 하는 사람이 없었다. 오히려 사서들은 활기차게 다니는 아이들에게 사랑스러운 눈길을 보냈다. 도서관에서 책을 보며 엄마와 대화하는 아이들. 그렇게 도서관을 탐색하는 아이들의 모습이 인상적이었다.

한국에서는 달랐다. 아이들과 도서관을 찾을 때면 늘 조용히 해야 한다고 단단히 일렀다. 혹시나 아이들의 말소리가 들리면 사서가 와서 주의를 주었다. 다른 사람의 눈치가 보였다. 한국에서 아이를 데리고 도서관에 가는 것은 늘 긴장되는 일이었다. 하지만 미국에서는 아니었다. 적당한 소음과 자유로운 움직임 덕에 꼭 도서관이 놀이터 같았다. 우리 아이들도 자유롭게 말하고 엎드려 책을 봤다. 편안한 분위기 속에서 온전히 책을 즐길 수 있었다. 호르헤 루이스 보르헤스의 말이 생각났다.

"나는 낙원이란 일종의 도서관 같은 곳이라고 늘 생각해왔다."

② 다양한 액티비티 프로그램이 있다

도서관 벽에는 항상 활동 프로그램 홍보물이 붙어 있었다. 초등학생들의 독서토론 모임, 책을 실감나게 읽어주는 스토리타임, 숙제 지원 서비스, 과학 실험하기 등. 어른들을 위한 직업 상담, 건강정보센터 운영, 심지어 이력서 첨삭 강의 프로그램도 있었다. 어린이부터 어른까지 모든 계층을 대상으로 다채로웠다. 게다가 모든 프로그램이 무료였다. 지역 주민들은 자신의 필요에 따라 자유롭게 도서관을 이용했다. 마치 동네 사랑방 같았다. 생활 정보를 얻는 공동체의 구심점이 바로 도서관이었다.

③ 도서관의 꽃이라 불리는 '스토리타임'이 있다

스토리타임이란 도서관 사서가 아이들과 책을 읽고, 독후 활동을 하는 시간이다. 책과 연계된 동요를 배우고 다 함께 율동을 했다. 연령대가 비슷한 아이들이 듣기에 우리 아이들도 재미있게 참여했다. 이때 가장 중요한 것은 아이들과의 교감. 사서는 아이들이 이해하는 적절한 어휘로 호기심을 자극했다. 스토리타임으로 아이들이 쓰는 어휘가 확장되었다. 또 책과 친해지는 계기가 되었다. 글을 모르는 유아들에게 취학 준비 과정으로 효과적인 프로그램이었다.

우리 아이들이 네 살 때의 일이다. 우리도 스토리타임을 들어보았다. 세 살부터 다섯 살까지의 아이들이 열 명 남짓 모인 방, Preschool Storytime. 아이들은 모두 귀를 쫑긋 세운 채 사서 선생님을 주시했다. "오늘은 알파벳 'B'에 관해 배우는 날이죠?" 선생님은 'B'로 시작하는 여러 권의 책을 펼쳤다. 그중 첫 번째는 《Big Bear, My Friend》. 하얗고 커다란 북극곰이 나타나며 아이들의 시선을 끌었다. 선생님 손가락에 끼워진 북극곰 인형이 책을 읽었다. 얼마나 실감나고 재미있게 읽던지 나도 빠져들 정도였다. 연이어 선생님을 Bee와 Baby가 주제인 책을 읽어주었다.

알파벳 B에 관계된 단어들로 게임도 했다. 아이들은 자신이 아는 단어가 나오자 소리를 지르며 대답했다. Bee에 관한 동요를 선생님이 기타 치며 부르니 아이들이 더 신났다. 아이들 모두 자리에서 일어나 같이 춤을 추었다. 옆에 있던 아이들이 방방 뛰자, 어리둥절해 있던 우리 아이들도 깔깔거리며 따라 했다.

그렇게 한참을 뛰다가 마지막은 'Bubble Time'. 선생님이 아이들 주변으로 비눗방울을 불었다. 신이 난 아이들은 비눗방울을 손에 잡으려고 콩콩 뛰었다.

수업이 끝나면 사서 선생님이 스탬프를 아이 손등에 찍어주었다. 오늘 배웠던 B가 새겨진 스탬프. 아이들은 그 스탬프를 받으려고 줄을 길게 섰다. 우리 아이들도 스탬프를 받았다. 마치 소중한 선물인 것처럼 손등의 B를 보고 또 보았다. 손을 씻을 때도 조심스럽게 씻었다. 그렇게 그날 아이들에게 B란 알파벳은 특별하게 다가왔다.

마지막으로 도서관 정원에 앉아 챙겨온 간식을 먹었다. 집으로 돌아오면서 아이들은 "또 언제 가요?" 재차 물었다. 아이들은 도서관을 책과 재미있게 노는 공간이라고 생각했다. 다음에 도서관 갈 날을 손꼽아 기다렸다.

④ 정부는 도서관에 지원을 해준다

롱아일랜드 대학교 비 바덴 교수의 연구에 따르면, 미국 정부는 2009년 홈스쿨링 인원 증가에 따른 교육 지원을 대폭 늘렸다. 대표적으로 일리노이주의 존스버그 도서관은 '홈스쿨링센터'를 운영했다. 이는 학교에 가지 않고 집에서 교육받는 아이들을 위한 도서관 서비스다. 홈스쿨링을 하는 학생들에게 더 간편한 책 대출과 연장 시스템을 제공했다. 또 학생들의 읽기와 쓰기 교육, 숙제를 봐주는 튜터 제도도 있다. 게다가 홈스쿨링을 하는 부모 상담이 인기가 많다고 한다. 아이들을 교육하면서 겪는 어려움을 도서관 사서들과 함께 고민하고 해결책을 찾는다. 이 모든 게 홈스쿨링 가정을 위한 도서관의 특별한 노력이다. 이렇게 미국 정부에서는 홈스쿨링 학생들을 배려했다. 놀이터에서 만난 홈스쿨링을 하는 사 남매 미국 엄마가 왜 도서관에 자주 가는지 이해가 되었다.

도서관은 홈스쿨링의 꽃이다. 도서관만 잘 활용해도 홈스쿨링이 가능하다. 도서관에서 아이들은 책을 읽고 세상을 배운다. 그 지식으로 사람들과 소통하는 방법을 익힌다. 책을 통해 아이들은 성장하고 다른 사람을 이해한다.

미국에서 기관에 보내지 않고 소신껏 홈스쿨링을 할 수 있었던 것은 동네 도서관 덕분이었다. 도서관은 우리 아이를 키워주는 햇빛이었다. 그 따스함으로 미국에서 살아갈 힘을 얻었다. 나중에 우리 아이들이 어른이 되어 풍랑을 만났을 때 위로와 평안을 얻는 곳이 도서관이면 좋겠다.

"오늘날의 나를 있게 한 것은 우리 동네 도서관이었다.
하버드 대학 졸업장보다 소중한 것이 독서하는 습관이다."
—빌 게이츠(미국 마이크로소프트 설립자)

03

나무에 오르는
아　이　들

"엄마, 나무에 올라가고 싶어요."
"그래. 어디 한번 올라가봐. 나무 위에서 내려다보니 어때?"

　내가 다니던 학교 캠퍼스에는 커다란 나무가 많았다. 70년 넘은 학교답게 오래된 나무가 대부분이었다. 그중 매그놀리아라고 불리는 목련 나무가 있었다. 키가 20미터나 되고 나무 몸통이 굵어서 아주 튼튼했다. 그 나무 옆을 지나는 사람들은 목련 나무에 올라타길 좋아했다. 대학생들은 그 나무 위에 올라가서 책도 읽고 낮잠도 잤다. 또 어린이들은 목련 나무를 타고 오르며 즐겁게 놀았다. 그 나무 안에 들어가면 마치 다른 세상인 듯한 신성한 느낌이 들었다. 나와 아이들도 그 나무를 무척 좋아했다.

당시 세 살이던 우리 아이들 역시 그 나무에 자주 올랐다. 아이들은 내 손을 꼭 잡고 조심히 한 발자국씩 올랐다. 아이들은 나무 타는 걸 무서워하면서도 즐거워했다. 아이들은 엄마 키보다 크고 굵은 나뭇가지에 서서 아래를 내려다보았다. 한번 나무에 올라가면 한참 동안 있다가 내려왔다. 그렇게 아이들은 자연을 가까이하며 사랑하게 되었다.

우리 가족은 시간만 나면 학교 캠퍼스를 산책했다. 학교에서 만나는 자연은 계절마다 다른 모습이었다. 우리는 봄에는 새로 핀 꽃을 찾아다녔고, 여름에는 시원한 나무 그늘에서 놀았다. 가을에는 교정에 있는 밤나무에서 떨어진 밤을 주웠으며, 겨울에는 캠퍼스에 쌓인 눈을 밟으며 놀았다. 나와 아이들은 날씨가 좋으면 좋은 대로, 비가 오거나 쌀쌀한 날씨면 옷을 잘 챙겨 입고 자연을 찾았다. 데이케어에 다니지 않던 우리 아이들은 매일 학교를 비롯해 공원으로, 숲으로 가서 놀았다. 자연이 주는 혜택을 마음껏 누렸다.

2017년 4월, 펜실베이니아의 교육기관인 IPEMA는 아이들의 야외 활동에 대해 설문 조사를 했다. 80퍼센트가 넘는 미국 부모들은 자녀가 자연에서 노는 것이 어떤 것보다 중요하다고 답했다. 그들은 자연에서의 놀이가 아이의 발달에 필수 항목이고, 교육의 기회가 된다고 답했다.

그렇다면 자연에서 노는 것이 아이들에게 구체적으로 어떻게 좋을까?

① 자연에서 노는 아이들이 더 행복하다

2020년 4월, 미국 CNN 건강팀은 아이들이 자연에 있을 때 얼마나 행복감을 느끼는지 조사했다. 아홉 살부터 열두 살까지 300명의 어린이가 이 설문에 응답했다. 설문 결과는 자연과 친밀한 아이일수록 삶의 행복도가 높게 나왔다. 자연과 연결되어 있다고 느끼는 아이일수록 삶의 만족도는 훨씬 높았다. 자연에서 시간을 충분히 보내는 것만으로도 아이들은 행복할 수 있다. 연구진은 아이의 행복에 대해 이렇게 덧붙였다.

"우리는 환경이나 자연 전문가일 필요는 없다. 더 중요한 것은 재미있고 안전한 환경에서 호기심을 가지고 아이들과 함께 시간을 보내는 것이다."

② 아이들의 발달과 학습에 도움이 된다

자연 속에서 노는 것은 지적·정서적·사회적·신체적 발달을 촉진시켜준다. 자연에서 아이들은 모든 감각을 자극받고 끊임없이 변화하는 환경을 경험한다. CNN 의학 기자는 "자연 속 놀이는 아이들이 운동 기술을 습득하도록 돕고, 눈과 손의 협응 작용을 도우며 건강에 좋다. 자연과의 상호 작용에서 아이들은 모든 감각으로 학습할 수 있다"라고 말했다.

자연은 창의성과 문제 해결을 돕는 STEM 교육의 기회를 제공한다. STEM 교육이란 과학(Science), 기술(Technology), 공학(Engineering), 수학(Mathematics)을 조합한 단어다. 이것은 미국에서 문제 해결 능력을 키우는 교육으로 알려져 있다. 아이들은 자연과 상호 작용함으로써 자신들의 생각을 실험하고 학습한다.

③ 아이들의 심리적 안정에 도움을 준다

텍사스 주립대학의 원예학과 교수인 티나 케이드 박사의 연구에 따르면, 자연에서 산책하는 사람들이 부정적인 생각을 덜 한다고 한다. 실제 스코틀랜드에서는 환자에게 '자연 처방전'을 제공한다. 의사들은 자연이 주는 정신적·육체적 이점을 확신하기 때문이다. 그들은 고혈압, 불안, 우울증 치료에 자연 처방법이 도움이 된다고 믿는다. 케이드 박사는 "자연과의 상호 작용은 스트레스와 심리적 불안을 치료한다. 자연에 집중하는 것은 사람들에게 도움이 된다"고 설명했다. 자연에서 지내는 아이들은 심리적인 안정감으로 대인 관계에 더 나은 태도를 보인다.

우리 가족은 여섯 명의 아이를 홈스쿨링하는 옆집과 많은 시간을 함께 보냈다. 그 가족은 자연이 주는 즐거움을 자주 누렸다. 우리 가족과 옆집 가족은 집 근처 공원에서 산책을 자주 했다. 우리는 그중 조이너 공원에 자주 갔다. 그곳에는 피칸 나무가 많았다. 가을이 되면 잘 익은 피칸 열매들이 땅으로 떨어졌는데, 그것을 줍는 재미가 쏠쏠했다. 옆집 아이들은 단단한 껍질을 깨뜨려 피칸 알갱이를 조심히 꺼내곤 했다. 그 피칸을 살짝 볶아 먹으면 고소하다고 옆집 엄마가 알려주었다. 아이들은 피칸을 줍고, 엄마는 나무에 관한 책을 가져와 함께 읽었다. 엄마도 아이들도 즐겁게 놀면서 배우는 시간이었다.

한번은 공원에서 두 가족이 산책하던 중 독수리가 사냥하는 장면을 눈앞에서 목격했다. 하늘을 날던 독수리가 갑자기 수직 낙하하여 도토리를 먹던 다람쥐를 잡았다. 독수리는 몸부림치던 다람쥐의 숨이 끊어질 때까지 날카로운 발톱으로 몸통을 죄었다. 얼마 후 다람쥐를 움켜쥔 채로 하늘 높이 날아가는 독수리. 아이들은 이 놀라운 장면을 바로 눈앞에서 봤다. 옆집 엄마는 동물들의 먹이사슬에 관해 설명했다. 그러면 아이들은 거기에 관한 질문을 하고, 자유롭게 토론했다. 그 모습이 인상 깊었다.

옆집 아이들은 기숙사 공용 마당에 자주 나와 놀았다. 그 아이들은 마당에 새 모이통을 두고 관찰했다. 자세히 보니 옆집 아이들이 직접 만든 새 모이통이었다. 아이들은 여러 가지 곡물로 실험을 했다. 어떤 곡식을 줄 때 새들이 더 많이 찾아오는지 일지를 적었다. 또 다양한 새 모이통을 만들어 어떤 모양의 모이통에 새들이 많이 모여드는지 적었다. 어떤 종류의 새들이 주로 찾아오는지도 관찰했다. 새 부리의 모양과 깃털 색깔, 크기를 적고, 새를 스케치하기도 했다. 특히 먹이가 없는 추운 겨울에 새들이 자주 찾는 것을 보았다. 옆집 아이들은 새 관찰일기를 우리 아이들에게 설명해주기도 했다. 나는 '새에 관한 책을 읽고, 연구하는 이 아이들의 모습이 진정한 홈스쿨링이구나!' 하는 생각이 들었다.

겨울이면 옆집 아이들과 함께 집 근처 작은 공원에서 시간을 보냈다. 눈이 오면 눈썰매를 탔다. 옆집 아이들은 각자의 개성대로 썰매를 가지고 나왔다. 나무로 만든 썰매뿐만 아니라 포대자루 썰매도 있었다. 우리 아이들은 집에 있던 넓은 플라스틱 판 두 개로 썰매를 탔다. 거기에 어른과 아이 한 명씩 나눠 타고는 얕은 동산에서 미끄럼을 탔다. 눈 덮인 경사를 내려오는 일은 생각보다 짜릿했다. 간단하고 엉성한 썰매였지만 아이들은 눈 위를 미끄러져 내려가는 것 자체를 굉장히 좋아했다.

이처럼 자연은 우리 아이들에게 더없이 소중한 존재다. 자연을 통해서 아이들은 더 건강해지고 더 행복해한다. 요즘은 대부분 아이가 자연에서 시간을 보내기 어렵다. 그 결과 아이들의 정서적·사회적·신체적 발달이 저하되고 있다. 아이를 키우는 부모로서 정말 안타까운 일이다. 우리 아이들에게 자연과 함께 보낼 수 있는 기회와 시간을 더 많이 제공해보면 어떨까.

"자연은 스스로 숨기지 않는 큰 책이므로,
우리는 그것을 읽기만 하면 된다."

— 포이에르바하(독일 철학자)

04

옐로스톤
국립공원에서

　세계 최대 규모의 캠핑장 시스템 Kampgrounds of America(KOA)는 2019년 북미 캠핑 보고서를 발표했다. 그 보고서에 따르면 2018년에 미국의 7,880만 가구가 캠핑하고 있으며 이는 역대 최고 수치라고 했다. 그리고 지난 5년간(2014~2018년) 미국의 720만 가구가 새롭게 캠핑을 시작했다고 전했다. 또 2018년 매년 세 번 이상 캠핑하는 가구의 수는 2014년도에 비해 72퍼센트가 늘어났다고 한다. 코로나 이전 우리 가족이 미국에서 지낼 때의 상황이다. 당시 미국인들 사이에서 캠핑은 상당히 인기가 높았다.

그렇다면 사람들이 캠핑을 떠나는 이유는 무엇일까? 2019년 6월, 미국 국립공원 관리청에서 캠핑의 장점에 대해 언급했다. 첫째, 캠핑은 야생동물, 지형, 별자리와 같은 자연 탐험의 기회를 제공한다. 둘째, 캠핑은 함께 하는 사람들의 관계를 돈독하게 한다. 셋째, 캠핑은 사람들에게 컴퓨터, TV와 같은 디지털 장비를 멀리하게 하고 자연에서 휴식하는 기회를 제공한다. 넷째, 캠핑은 건강 개선의 효과가 있다. 하이킹, 산책과 같은 야외 활동은 몸의 건강뿐 아니라, 우울증 회복에도 효과가 있다.

우리 가족은 미국에서 지내는 동안 여러 번 캠핑을 했다. 우리 부부는 방학 때마다 일상에서 벗어나 자연에서 쉬기를 좋아했다. 때로는 궂은 날씨, 벌레의 공격, 추위로 인해 힘든 점도 있었지만 그 같은 경험도 추억이 되었다. 우리 가족은 캠핑하면서 크게 두 가지를 얻었다. 하나는 가족 간의 친밀감이 높아졌다. 다른 하나는 함께 자연을 탐험하면서 배울 수 있는 시간을 가졌다. 특히 옐로스톤 국립공원 여행과 캠핑이 기억에 남는다.

2018년 5월, 우리 부부는 미국에서 같은 날 대학원을 졸업했다. 졸업식이 끝난 다음 날, 우리는 아이들과 함께 미국에서 가장 유명한 국립공원 중 하나인 옐로스톤으로 캠핑을 떠났다. 옐로스톤 국립공원은 미국 최대, 세계 최초의 국립공원이다. 크기는 남북으로 101킬로미터, 동서로 87킬로미터에 해당하고, 면적은 8983.18제곱킬로미터로 우리나라의 충청남도보다 더 크다. 국립공원의 약 80퍼센트는 숲이며, 나머지 대부분은 초원이다.

우리는 8일의 왕복 여행과 나흘 동안의 캠핑을 통해 우리만의 잊지 못할 추억을 만들었다. 이 경험을 바탕으로 우리 가족은 더 가까워질 수 있었다. 우리는 옐로스톤 국립공원에 도착하기 전날 윈드햄 서머폴리스란 도시의 한 숙소에서 하룻밤을 지냈다. 이 숙소의 분위기는 다른 곳과는 사뭇 달랐다.

호텔에 들어서자마자 곰, 순록, 염소 등 박제된 동물들이 즐비했다. 동물을 사냥할 때의 사진들이 복도에 전시되어 있었다. 아이들은 동물들의 이름을 하나씩 부르며 움직이지 않는 박제를 보고 신기해했다. 또 우리는 숙소에 있는 야외 노천탕을 즐겼다. 유황온천이라 달걀 냄새가 진동했다. 외국 사람들과 수영복을 입고 하는 노천욕이었다. 노천탕 주위에는 풀을 뜯는 사슴 가족이 있었다. 평소에는 체험할 수 없는 이색적인 경험이었다.

긴 시간의 여행과 캠핑을 통해 아이들이 생각보다 강하다는 것을 알게 되었다. 우리 가족이 자동차로 이동한 거리가 왕복 약 8,000킬로미터였다. 쉬지 않고 달린다 해도 왕복 약 80시간이 소요되는 거리였다. 캠핑을 제외한 8일 동안 하루 평균 열 시간씩 이동했다. 이것은 네 살인 아이뿐 아니라 어른에게도 무척 힘든 여정이었다. 우리가 살고 있던 노스캐롤라이나주에서 출발하여 켄터키주와 네브래스카주를 거쳐 최종 목적지인 와이오밍주에 도착했다. 그리고 돌아오는 길은 텍사스주와 조지아주를 지나 집에 도착했다. 총 열여섯 개 주를 통과한 대장정의 여행이었다. 장거리 여행이었음에도 아이들은 짜증을 내거나 힘들어하지 않았다. 우리는 이동하는 차 안에서 노래도 부르고 게임도 하며 즐거운 시간을 보냈다.

그뿐만이 아니었다. 우리가 캠핑하면서 가장 힘들었던 점은 예상치 못한 추위였다. 우리는 6월 중순에 옐로스톤 국립공원을 찾았다. 하지만 밤에는 영하 3도까지 내려갔다. 나와 남편은 이렇게 기온이 떨어질 거라고는 예상하지 못했다. 우리가 가져간 전기장판도 소용없었다. 옐로스톤 국립공원의 텐트 캠핑장은 전기를 제공하지 않았기 때문이다. 할 수 없이 우리는 서로의 체온에 의지해 잠을 청했다. 우리 부부는 아이들의 건강이 염려되었지만, 결국 우리는 그곳에서 4박을 무사히 지냈다. 나흘의 캠핑, 8일의 왕복 여행, 총 12일 동안 아이들은 한 번도 아프지 않고 즐겁게 잘 지냈다. 나와 남편은 아이들이 많이 성장했고 생각보다 강하다는 것을 깨달았다.

또 다른 캠핑의 이점은 자연 탐험을 통해 많은 걸 배울 수 있다는 것이다. 2016년 10월, 영국 플리머스 대학의 연구결과에 따르면, 다수의 부모가 캠핑이 교육에 긍정적인 영향을 미친다고 말했다. 연구에 따르면 1년에 한 번 이상 야외에서 캠핑하는 아이들은 학교생활을 더 잘할 뿐만 아니라 더 행복감을 느꼈다. 이것은 아이들이 캠핑을 통해 자연을 배우고 행복을 느낀다는 것을 말해준다.

옐로스톤 국립공원은 야생동물의 천국이라고 불린다. 그리고 외형은 마치 지구가 처음 만들어진 태고의 모습을 그대로 간직하고 있다. 우리는 그곳의 야생동물들과 자연을 보며 잊을 수 없는 경험을 했다.

옐로스톤에 도착한 다음 날 새벽, 우리 가족은 추위 때문에 일찍 일어났다. 우리 부부는 아이들과 함께 텐트 주위를 산책했다. 그러던 중 눈앞의 광경을 보고 입을 다물 수 없었다. 수십 마리의 엘크 가족이 느긋하게 풀을 뜯고 있는 것이 아닌가. 마치 〈동물의 왕국〉의 한 장면을 보는 것 같았다. 아이들은 처음 보는 엘크를 신기해하며 가만히 지켜보았다. 나는 엘크가 사람을 의식하지 않고 평화롭게 풀을 뜯는 모습을 보며 야생의 경이로움을 느꼈다.

우리는 넓은 국립공원 안에서 차로 이동했다. 공원이 무척 넓었기 때문에 하루에 두세 곳을 정해 다녔다. 우리가 이동하면서 자주 본 동물은 바이슨이었다. 공원 안에서는 바이슨 무리를 쉽게 볼 수 있었다. 바이슨은 미국 버팔로 들소다. 이들은 한때 미국 이주자들의 학살로 멸종 위기에 처했었다. 지금은 국립공원 보호구역 안에서만 볼 수 있다. 평소에는 볼 수 없는 바이슨을 아이들은 지금도 이야기한다. 책과 영상으로만 만났던 바이슨을 실제로 눈앞에서 봤기 때문이다.

한번은 도로 위에 차들이 움직이지 않고 서 있었다. 몇몇 사람들은 차 밖으로 나와 사진을 찍었다. 거기에는 놀랍게도 회색곰 한 마리가 있었다. 회색곰(Grizzly Bear)은 '공포의 곰'이라 불리며 주로 북미에 거주한다. 아이들은 야생 곰을 보며 환호했다. 책으로만 보던 곰이 눈앞에 있다니! 옐로스톤 공원 안에는 회색곰과 흑곰이 서식한다. 공원 관리자는 곰의 공격성에 대해 주의를 주며 두 가지를 당부했다. 첫째, 숲을 산책할 때 안전을 위해 곰 스프레이를 휴대할 것. 둘째, 곰은 냄새를 잘 맡기 때문에 텐트 주위를 깨끗이 할 것. 관리자들은 냄새나는 음식물을 치우지 않아 곰의 공격을 받은 사례를 들려주었다. 우리 가족은 안전거리를 유지하며 곰을 관찰했다. 또 곰 스프레이를 사서 공원 안에서는 항상 휴대하고 다녔다.

옐로스톤 국립공원은 협곡, 폭포, 울창한 숲, 간헐천 등으로 유명하다. 우리 부부는 '태초의 지구 모습이 이렇지 않았을까?'라며 연신 감탄해 마지않았다. 내가 본 자연의 모습은 말로 표현할 수 없을 만큼 장엄하고 아름다웠다. 그중 가장 인상 깊었던 것은 '올드 페이스풀' 간헐천이었다. 이 간헐천은 44분에서 2시간마다 물이 32미터에서 56미터까지 치솟았다. 아이들은 폭발음을 내며 높이 솟은 물줄기를 보고 감탄했다. 어떻게 이런 현상이 생기냐며 질문했다.

　우리는 옐로스톤 캠핑을 통해 평생 잊지 못할 추억을 만들었다. 그리고 야생동물과 자연환경의 모습을 배웠다. 게다가 가족에 대해서도 더 깊이 알게 되었다. 일과 미디어의 방해 없이 서로에게 더 집중했다. 가족 간의 끈끈한 의리가 생겼다. 환경이 바뀌니 남편과 아이들을 바라보는 나의 시선도 달라졌다. 불평 없이 긴 운전을 묵묵히 해낸 듬직한 남편, 그리고 긴 여행에도 아프지 않고 오히려 즐거워한 아이들. 12일 동안의 장거리 여행은 정신적·체력적으로는 힘들었지만 그때마다 우리는 서로를 배려하고 격려했다. 항상 곁에 있는 가족이지만, 캠핑과 여행을 통해 친밀감이 한층 더 깊어졌다.

"이 세상에 태어나 우리가 경험하는 가장 멋진 일은
가족의 사랑을 배우는 것이다."

—조지 맥도널드(영국 동화작가)

05

아 파 도
약을 안 준다고?

"어머니 정신 차리세요! 여기는 미국이 아니라 한국이에요. 물과 공기가 달라요. 여기에 적응하셔야죠."

2019년 1월, 아이들이 다섯 살이 되면서 본격적인 한국살이가 시작되었다. 추운 겨울, 첫째 아이가 열이 나고 기침을 했다. 며칠이 지나도 나아질 기미가 보이지 않았다. 아이의 손을 잡고 집 근처 소아과를 찾았다. 의사 선생님이 진찰 후 약을 대량 처방해주었다. 물약, 가루약, 씹어 먹는 약 등 종류가 많았다. 게다가 아이에게 주사까지 처방했다.

나는 처방해준 약 가운데 항생제가 있는지 확인하고 항생제를 꼭 먹여야 하냐고 물었다. 가능한 한 항생제를 피했으면 하는 마음에서였다. 그러자 의사는 미국과 한국은 다르며 한국에서는 다들 이렇게 먹는다고 했다. 나는 의사의 태도에 머쓱해져서 그 병원을 빠져나왔다.

우리나라는 항생제 처방을 지나치게 남용한다. 질병관리청에 따르면 국내 항생제 사용량은 2018년 기준 29.8로, 경제협력개발기구(OECD) 25개국의 평균인 18.6보다 월등히 높다. 질병관리청은 우리나라의 부적절한 항생제 처방은 27.7퍼센트 수준이라고 했다.

2018년 11월, 〈한국일보〉 기사를 보면 감기의 주원인은 바이러스 감염이라고 설명했다. 감기는 보통 1~2주 이내 자연적으로 호전되고, 세균 감염이 원인이 아니기에 세균을 죽이는 항생제는 효과가 없다고 했다. 오히려 항생제 남용으로 생기는 내성이 심각하다는 것이다. 몸속 내성균이 증가하면 항생제가 정말 필요할 때 듣지 않기 때문이다.

사람들은 항생제를 복용하면 더 빨리 낫는다고 생각한다. 그래서 사람들의 심리를 이용하여 항생제 처방을 남용하는 의사가 많다. 환자 또한 더 센 약과 주사를 요구하기도 한다. 미국 의사는 감기 증상 환자에게 기다림이 필요하다고 말한다. 감기 바이러스가 몸 안에서 싸우는 것이기에 1~2주의 시간이 걸린다고. 그래서 감기에 걸리면 보통 가정에서 지켜보며 치료한다.

사실 미국에서는 병원 가는 게 쉽지 않다. 소아과도 예외는 아니다. 의료비가 비싼 이유도 있지만, 예약하지 않으면 진료를 받을 수 없다. 진료를 보려면 몇 달 전부터 예약해야 한다. 물론 급한 경우 예약 취소 자리가 나면 봐주기도 한다. 하지만 그렇지 못한 경우에는 응급실로 가야 한다.

한번은 첫째 아이가 감기와 기침, 콧물로 열흘 동안 고생했다. 나는 감기에 좋다는 배숙과 대추차, 도라지차를 먹이며 아이가 낫기만을 기다렸다. 하지만 아이의 상태는 호전될 기미가 보이지 않았다. 결국 우리 부부는 아이를 데리고 소아과에 갔다. 다행히 예약 취소 자리가 있어 진료받을 수 있었다.

4년간 우리 아이들이 태어나고 자라는 걸 지켜본 주치의를 찾아갔다. 감기로 지쳐 있는 아이를 본 의사는 진심으로 안타까워했다. 아이를 찬찬히 진료하더니 말했다. "아이가 바이러스와 싸우는 중이니 집에서 충분히 쉬고 수분을 섭취하면 곧 호전될 겁니다." 결국 우리는 약 처방전 하나 없이 집으로 돌아왔다. 그런데 이틀이 지나자 아이의 기침과 콧물이 줄기 시작했다. 약 없이 감기를 이겨낸 것이다. 아이의 면역력이 강해졌다고 생각하니 안심되었다.

또 한번은 둘째 아이가 아팠다. 온몸이 뜨거웠다. 열이 약 39도를 넘었다. 해열제를 먹여도 열이 떨어지지 않았다. 다시 주치의를 찾아갔다. 아이가 너무 힘들어하니 약 처방을 요구했다. 하지만 의사는 두 가지 해열제를 교차해 먹이라고만 했다. 끝내 약을 처방해주지 않았다. 그녀는 무조건 약을 먹는 것보다 먼저 아이의 상태를 살펴야 한다고 했다. 아이가 열은 났지만 생기있게 잘 노니 괜찮다고 했다. 반대로 열은 높지 않아도 몸이 처지고 힘들어하면, 그때 다시 오라고 당부했다.

한동네에 사는 미국 엄마들에게 물어보니 아이들이 감기에 걸려도 대부분 집에서 치료한다고 했다. 푹 쉬게 하고, 수분을 섭취시키며, 해열제를 먹인다는 것이다. 섣불리 병원에 가지 않았다. 병원에 예약하기도 힘들거니와 비싼 진료비 때문에 가능하면 집에서 해결하려고 했다. 나는 미국 엄마들이 아이가 아플 때 구체적으로 어떻게 대처하는지 궁금했다. 그러다 2020년 2월, 미국 NBC 채널의 〈TODAY 뉴스〉를 보았다. 거기서 '기침하는 아이를 집에서 제대로 돌보는 방법'에 대해 소개했다.

① 머리를 높게 유지시켜준다
아이가 기침으로 힘들어하면 등, 어깨, 머리 밑에 베개를 높게 만들어 받쳐준다. 아이의 머리가 위로 들리게 하는 것이다. 그렇게 하면 아이의 호흡이 더 쉬워진다.

② 뜨거운 증기를 마시게 한다

《The Baby Book》저자인 소아과 의사 윌리엄 시어스는 욕실을 한 증막처럼 만드는 걸 권장한다. 욕실에 뜨거운 물을 틀고 문을 닫는 것이다. 잠들기 전 15분 동안 아이와 함께 욕실에 앉아 뜨거운 증기를 마신다. 그리고 아침에 일어나면 15분 동안 다시 증기를 마신다. 증기는 아이의 가슴과 코막힘을 완화하여 기침 감소에 도움이 된다. 증기를 마시는 동안 아이 등을 두드려주면 더 좋다.

③ 비강 흡입기를 사용한다

대부분 아이는 네다섯 살까지 스스로 코를 못 푼다. 아이가 콧물 때문에 힘들어하면 비강 흡입기로 제거해준다. 이 흡입기는 튜브로 코 점액을 빨아들인다.

④ 식염수를 사용한다

아이의 콧구멍에 식염수 몇 방울을 떨어뜨린다. 이는 코 점액을 풀어주기 위함이다. 아이의 코와 목에서 분비되는 점액이 목으로 넘어가면 괴롭다. 이 증상 때문에 입으로 숨을 쉬면 코가 건조해진다. 식염수로 코 안의 수분을 채우면 좋다. 수유 중인 아기는 콧구멍에 모유 몇 방울을 넣어도 효과가 있다.

⑤ 꿀물을 타서 마시게 한다

어린아이가 기침해도 감기약을 권장하지 않는다. 꿀은 따끔한 목을 진정시키고 후두를 코팅하는 역할을 한다. 아이가 잠자리에 들기 전 따뜻한 물에 소량의 꿀을 타서 준다.

⑥ 가슴에 바르는 연고를 사용한다

기침이 심한 경우 아이의 가슴에 멘톨 성분의 연고를 발라준다. 그러면 기침이 줄어 아이가 훨씬 편안하게 밤잠을 잔다.

⑦ 수분 섭취를 자주 하게 한다

수분 섭취는 점액 분비물을 묽게 만든다. 이는 체내에 있는 독소의 배출을 돕는다. 밤에 아이 옆에 물병을 가져다 놓고 자주 마시게 한다.

⑧ 밖으로 나가서 공기를 마시게 한다

'크루프'라고 불리는 후두염에 걸리면 개 짖는 듯한 소리의 기침을 한다. 감염으로 후두가 부어올라 정상적인 호흡이 어렵다. 특히 밤에 증상이 더 심해진다. 그때는 아이를 밖으로 데리고 나가는 것이 좋다. 시원한 밤공기는 아이의 기침을 진정시킨다.

마지막으로 〈TODAY 뉴스〉에서는 아이 열이 39도 이상에 기침이

2주 넘게 지속되면 병원에 갈 것을 당부했다.

　아이가 감기 증세를 보인다고 무조건 병원에 의지하지 말자. 아이의 상태를 세심히 관찰하고 바이러스와 싸워 이기도록 기다려보자. 아이는 면역력을 키우는 중이다. 항생제 남용으로 아이의 몸을 망가뜨리지 말자. 아프다고 바로 병원에 가서 약 처방을 받지 말고, 아이의 면역력을 믿고 기다리자.

"훌륭한 의사는 독수리의 눈(정확한 진단),
사자의 마음(올바른 처방, 치료 방법) 그리고
여자의 손(애정 어린 간호)을 가져야 한다."

—영국 격언

06

진짜 교육은
현장 학습이다

"이렇게 많은 짐을 가지고 어디 가니?"
"우리는 현장학습 다녀올 거야."

옆집 홈스쿨링 가족이 아침부터 분주했다. 차에 가득 짐을 싣고서 떠날 준비를 하고 있었다. 나는 호기심에 어디 가냐고 물었다. 그랬더니 다른 주(州)로 현장학습을 간다고 했다. 그것도 2주씩이나! 아이들이 홈스쿨링하며 책으로 공부한 것을 실제로 보기 위해 학습하러 간다고 했다. 미국은 50개의 주로 이루어졌다. 주마다 특징과 삶의 모습이 다르다. 한 주가 남한보다 면적이 큰 곳도 있다. 그래서 미국인들은 다른 주로 자주 여행을 떠난다.

옆집 엄마의 말에 나는 신선한 충격을 받았다. 책으로 공부하는 것에서 끝나지 않고 현장에 직접 가서 경험하며 살아 있는 지식을 배운다니! 이것이야말로 진짜 교육이라는 생각이 들었다.

나는 '우리 아이들도 현장학습을 하면 좋겠다'라고 생각했다. 그러다 10년간의 미국 생활을 마치고 귀국하면서 여행의 기회가 생겼다. 바로 경유지인 하와이! 우리는 그곳에서 하와이를 공부하며 체험하기로 했다.

현장학습을 하기 전 나는 아이들과 함께 하와이에 대해 공부하기로 했다. 하와이에 관한 책을 도서관에서 빌려 읽었다. 또 유튜브에서 하와이 관련 영상도 봤다. 하와이에 사는 동물과 바닷속 물고기, 그곳에서 열리는 과일, 기후, 화산, 전통 춤인 훌라 춤, 하와이 원주민, 하와이 역사 등등. 나는 하와이 현장학습이 단순히 보는 것에서 끝나지 않기를, 아이들에게 살아 있는 지식과 경험이 되기를, 가족과 함께한 시간을 오랫동안 기억하길 바랐다. 그래서 나는 현장학습을 떠나기 몇 달 전부터 아이들과 함께 공부하며 준비했다.

하와이를 공부하면서 아이들이 가장 좋아했던 것은 알록달록한 열대어였다. 우리는 내셔널 지오그래픽 채널에서 열대어 영상을 봤다.

거의 열 번도 넘게 본 것 같다. 열대어라고 불리는 기준은 무엇인지, 몇 도의 물에서 사는지, 하와이에 사는 열대어는 어떤 종류가 있는지, 물고기 외의 다른 바다 생물은 어떤 것이 있는지. 우리는 책과 영상을 통해 공부했다. 이렇게 공부한 후에 아이들은 예쁜 색깔의 물고기를 그림으로 그리고 클레이로 만들어보았다.

또 아이들의 관심 분야는 바로 화산 폭발이었다. 우연히 우리 가족이 하와이에 도착하기 몇 달 전 활화산이 폭발했다. 우리는 관련 영상을 유튜브로 찾아보았다. 아이들은 화산이 폭발하는 영상을 보며 많은 질문을 했다. 우리는 화산이 폭발하는 원리를 공부했다. 마그마가 어떻게 끓어오르는지, 용암이 흘러내리면 어떤 현상이 일어나는지, 어떻게 대륙이 넓어지는지, 이렇게 공부한 후에 우리는 베이킹소다와 식초로 화산 폭발 실험도 해보았다.

"경험으로 사는 것은 값비싼 지혜이다."
영국의 인문학자 로저 아샴의 말이다. 나는 하와이 현장학습이 아이들에게 살아 있는 지식과 지혜가 되길 바랐다. 그래서 진정한 현장학습이 될 수 있도록 준비했다. 우리 아이들이 책과 영상으로 먼저 하와이를 배운 후 체험한 것을 소개하겠다.

① 열대 바닷속 동물

우리 아이들은 네 살 때 하와이 태평양에서 첫 스노클링을 했다. 스노클링은 간단한 장비로 수중을 즐기는 스포츠다. 나는 아이들이 바다에서 수영할 수 있을까 걱정했지만 아이들은 나의 손을 꼭 잡고 용감하게 첫 바다 수영에 성공했다.

우리는 스노클링을 하면서 하와이 바닷속의 다양한 물고기들을 보았다. 영상에서 보았던 나비고기(butterfly fish), 앵무고기(parrotfish), 옐로탱(yellow tang), 무어리시 아이돌(moorish idol), 트럼펫피시(trumpet fish) 등을 보았다. 아이들은 영상에서 봤던 물고기를 실제로 보며 환호했다. 또 우리는 스노클링 중 헤엄치는 거북이를 보았다. 대형 바다거북은 쉰 살이 넘는다고 공원 관리인이 말했다. 거북이는 하와이 원주민들이 신성시하니 절대 만지지 말라고 당부했다. 영상으로 공부했던 바다거북이 우리 눈앞에서 유유히 헤엄치는 모습이 경이로웠다.

하와이에는 작은 파충류 게코(Gekko) 도마뱀이 산다. 우리는 책을 통해 게코에 관해 공부했다. 10~14센티미터 크기의 게코는 하와이 어디에나 있다. 집 안 천장이나 벽, 야외 나무에서도 형광 초록색의 작은 동물은 눈에 잘 띈다. 주로 거미나 작은 곤충, 과일을 먹는다. 게코는 사람들과 공생하며 살아간다. 사람에게 해를 끼치지 않는 동물이다. 게코는 위협을 느끼면 몸의 색깔을 바꾸고 스스로 꼬리를 자른 뒤 도망간다. 그 작은 존재는 보면 볼수록 얼마나 귀엽던지. 네 살이었던 첫째 아이가 게코를 맨손으로 잡았다. 그랬더니 게코가 자기 꼬리를 자르고 도망가는 게 아닌가. 파충류의 특징을 실제로 경험한 아이들은 신기하다며 늘 게코를 찾아다녔다.

② 화산 경험

2018년 5월, 우리 가족이 하와이에 도착하기 몇 달 전 하와이 킬라우에아 화산이 폭발했다. 용암 분출로 도로가 잠기고 몇 달 동안 화산재로 인해 공기가 매캐했다. 우리는 여행 가기 전 화산에 대해 책도 읽고 영상도 보았다. 아이들이 배운 것들이 살아 있는 지식이 되길 바랐다. 화산 국립공원을 찾은 우리는 폭발의 흔적을 목격했다. 또 얼마 전 흘러내린 용암도 발로 밟아보았다. 우리는 방문자센터 전시관에 가서 화산 폭발의 원리와 사람에게 어떤 피해를 미치는지, 그리고 기후와 생태계에 어떤 영향을 미치는지 등에 대해 배웠다.

③ 하와이에서 열리는 과일

하와이는 과일의 천국이다. 하루는 아이들이 숙소 주변에서 열매 하나를 주워왔다. 노란색의 작은 열매였다. 하와이에 오기 전에 아이들과 함께 열대과일 도감을 봤는데, 그 책에는 없던 과일이었다. 나는 열매를 코에 대고 냄새를 맡아보았더니 바로 망고였다. 나는 망고를 깨끗이 씻어 반씩 나눠주었다. 노란 과즙을 뚝뚝 흘리며 맛있게 먹는 아이들. 직접 주운 과일을 먹으며 연신 맛있다고 엄지를 치켜들었다.

하루는 렌터카를 타고 하와이 도로를 달렸다. 그런데 갑자기 남편이 도로 한쪽에 차를 멈춰 세웠다. 그리고 차에서 내리더니 검은 열매 네 개를 주워오는 게 아닌가. "아보카도다!" 남편이 가져온 열매는 바로 아보카도였다. 크기도 크고 부드럽게 잘 익은 상태였다. 옆을 보니 큰 아보카도 나무 두 그루가 있었다. 잘 익은 아보카도들이 도로 위에 떨어져 있었다. 아이들은 아보카도 나무와 주렁주렁 매달린 아보카도를 한참 동안 관찰했다.

④ 국제대회 아이언맨 경주 관람

우리가 하와이 빅아일랜드 섬에 도착하자 현지인이 곧 아이언맨 국제대회가 열린다고 했다. 이 대회는 3.8킬로미터 수영, 180킬로미터 사이클, 42.195킬로미터 마라톤으로 구성된 철인 3종 경기 중의 최고로 손꼽힌다. 새벽 6시에 시작해 자정까지 진행되는 이 경기에서 선수들은 세 코스를 17시간 이내에 완료해야 한다. 나는 국제대회 관람이 아이들에게 좋은 교육이 될 것 같았다. 그래서 아이들과 함께 아이언맨 대회에 대해 함께 공부했다.

우리 가족은 새벽 6시부터 오후 9시까지 경기 과정을 지켜봤다. 약 2천 명의 선수가 함께 태평양으로 뛰어드는 모습은 그야말로 장관이었다. 선수들이 사이클을 탄 후 마라톤으로 골인 지점을 통과하는 모습을 지켜보았다. 평균 총 12시간 동안 자신과 싸움에서 이긴 모습은 감격 그 자체였다. 우리 가족은 대회 참가자들을 응원하며 그들과

하이파이브를 했다.

70대 노부부가 함께 손을 잡고 뛰고, 옆 동료가 쓰러지자 부축해서 뛰고, 한쪽 팔로 휠체어를 밀면서 뛰고, 한쪽 발로 휠체어를 타면서 결승점에 들어오는 사람들. 이 장면을 눈앞에서 보는 것만으로도 감동이고 도전이었다. 사람들이 악조건 속에서도 성취하는 모습을 지켜보는 것은 진정 살아 있는 교육이었다.

우리 가족은 하와이에서 현장학습을 통해 살아 있는 지식을 배웠다. 책을 통해서 지식을 얻고, 체험하면서 지혜를 배운 것이다. 책으로만 읽은 지식은 한정적이다. 하지만 경험을 통한 지식은 아이에게 잊을 수 없는 귀중한 지혜가 된다.

"지구와 하늘, 숲과 들판, 호수와 강, 산과 바다는 훌륭한 교사이며 우리가 책에서 배울 수 있는 것보다 더 많은 것을 가르쳐줍니다."

—존 러벅(영국 과학자)

7시에 잠드는
아 이 들

"어머! 정말 신기하다! 어떻게 스스로 잠을 자니? 그것도 7시에!"

우리 아이들이 다섯 살 때였다. 손님과 집에서 저녁을 먹고 이런저
런 얘기를 나누던 중이었다. 저녁 7시가 되자 아이들은 애착 이불을
들고 방으로 들어갔다. 잠시 후에 아이들은 잠이 들었다. 이를 본 손
님이 깜짝 놀랐다. 손님네 아이는 밤 10시가 넘어도 안 자려 한다며
우리 집 아이들은 어떻게 혼자 자러 가냐고 물었다.

우리 부부는 아이들을 매일 같은 시간에 재웠다. 손님이 온 그날도 아이들은 평소대로 저녁 7시가 되자 잠이 들었다. 단지 다른 것이 있다면 그날은 손님을 맞느라 내가 수면의식을 하지 못한 것뿐. 그런데도 저녁 7시가 되자 아이들은 평소대로 자기들끼리 자러 갔다.

우리 아이들은 어떻게 저 혼자 자기 시작했을까?

처음 아이들이 태어났을 때 우리 부부가 가장 신경 쓴 부분이 아이들의 수면 습관 형성이었다. 아이들이 태어나고 친정엄마가 산후조리를 해주시러 미국에 오셨다. 낮에 종일 쌍둥이를 돌보느라 지친 엄마를 밤에는 쉬게 해드리고 싶었다. 남편 또한 학업과 일을 병행하느라 집에 늦게 들어왔다. 나 역시 출산으로 몸이 덜 회복된 상태였다. 친정엄마, 남편, 나는 밤에 잘 자는 게 아주 중요했다.

또 우리 부부는 대학원생이라 수업과 과제가 많았다. 육아와 학업을 병행해야 했기 때문에 공부시간이 확보되어야 했다. 그러기 위해서는 아이들이 밤에 잘 자야만 했다.

우리 가족 구성원들의 균형 잡힌 생활을 위해 아이들의 수면 루틴을 정립하는 것은 중요한 일이었다. 나는 아이들의 수면 습관 형성에 관해 연구했다. 그에 관련된 기사와 책을 찾아 읽었다. 미국 엄마들에게 언제, 어떻게 자녀를 재우는지 물었다. 또 우리 아이들에게 적용할 루틴과 수면 리추얼(의식)을 만들었다. 그리고 바로 수면 교육을 시작했다.

우리 부부는 아이들이 생후 6개월 되던 날부터 수면 교육을 시작했다. 이 수면 교육은 의사의 권장 사항이었다. 당시 우리 아이들은 보건소에서 정기 검사를 받았다. 나는 아이의 발달 문진표를 작성하고 의사와 상담했다. 설문지에는 여러 가지 질문이 있었다. 아이가 유아 침대에서 따로 자는지, 몇 시에 자는지, 낮잠은 하루에 몇 번을 자는지 등을 물었다. 그만큼 수면 교육은 중요한 주제였다. 우리 부부는 육아 전문가의 권고대로 수면 교육을 시작했다.

충분한 수면은 아이들에게 긍정적인 영향을 미친다. 2017년 5월, 미국 국립생명공학정보센터(NCBI)는 수면이 유아의 발달, 인지, 성장과 밀접하게 상호 작용한다고 발표했다. 그리고 유아의 수면은 신체 성장과 직접적인 관계가 있다고 덧붙였다.

또 2021년 2월, 영국의 타블로이드 신문 〈더 선〉은 아동 권장 취침 시간을 도표로 만들어 설명했다. 5~12세 아동을 대상으로 한 표에 따르면, 다섯 살은 오후 6시 45분에서 8시 15분 사이에 잠자리에 드는 것이 좋다고 했다. 그리고 열두 살은 저녁 8시 15분에서 9시 45분 사이에 잘 것을 권했다.

충분한 수면은 아이들의 성장과 발달에 매우 중요하다. 또 낮 동안 규칙적인 생활을 하려면 수면 교육은 꼭 필요하다. 우리 아이들이 스스로 잘 수 있었던 수면 의식과 수면 루틴을 소개해보겠다.

① 저녁 일찍 먹기(오후 5시경)
② 낮에 햇빛을 30분 이상 쬐고 야외 활동하기
③ 자기 전 책 읽어주기
④ 애착 인형이나 이불로 평안한 마음 갖게 하기
⑤ 조용하고 잔잔한 음악 틀어주기
⑥ 자기 전 인사하고 안아주기

이것이 우리 아이들의 수면 루틴이다. 나는 아이들의 건강한 수면을 위해 6년 동안 규칙적인 의식을 진행했다. 낮에는 야외 활동으로 아이들이 많이 움직이게 했다. 오후 5시가 되면 아이들은 저녁을 먹고, 오후 6시부터는 잘 준비를 했다. 아이들에게 잠옷을 입히고, 취침 전 책을 읽어주었다. 저녁 7시가 되면 나는 불을 끄고 잔잔한 음악을 틀어놓은 채 방에서 나왔다. 그러면 아이들은 밤새 통잠을 잤다. 아이들은 열두세 시간 정도 푹 자고 다음 날 오전 7시에서 8시 사이에 일어났다. 우리의 하루는 이렇게 단순했다.

우리 부부가 처음부터 수면 교육에 성공한 것은 아니었다. 중간에 시행착오를 몇 번 겪었다. 그러면서 깨달은 사실 한 가지. 수면 교육

성공은 아이들의 활발한 낮 활동에 달렸다는 것이다. 낮 활동을 무시하면 수면 교육이 어렵다. 아이들을 일찍 잠재우기 위해서는 오후의 활동이 아주 중요하다.

아이들의 낮 활동은 밤의 수면과 깊은 연관이 있다. 낮에 충분한 에너지를 발산한 아이들이 저녁에 잠을 잘 잔다. 또 저녁에 잠을 잘 잔 아이들이 낮에 즐겁게 활동한다.

2019년 8월 〈조선일보〉 기사에서 분당차병원 소아수면센터 채규영 센터장이 이런 말을 했다. "밖에서 햇빛에 노출되면 체내 세로토닌이 증가하고, 이는 저녁 시간에 멜라토닌으로 변환돼 밤에 잠을 잘 자게 도와준다." 아침이나 낮에 충분히 야외 활동을 하면 아이를 잘 재울 수 있다. 우리 아이들은 낮에 활발한 활동을 했다. 산에서, 놀이터에서, 공원에서, 도서관에서 오후를 보냈다. 그리고 저녁이 되면 엄마나 아빠와 수면 의식을 거행했다. 그러면 아이들은 일정한 시간에 잠이 들었다.

올해 일곱 살이 된 아이들은 한 시간 늦은 저녁 8시에 잠자리에 든다. 하지만 기본 틀은 같다. 오후 5시에 저녁을 먹는다. 오후 6~7시에 집을 정리하고 세면과 양치로 잘 준비를 마친다. 저녁 7시부터는 방에 잔잔한 음악을 틀어놓는다. 조용한 분위기에서 엄마 혹은 아빠와 함께 책을 읽고, 그날 있었던 일을 대화한다. 8시가 되면 방의 불을 끈다. 그러면 아이들은 11~12시간을 푹 잔다. 한 가지 달라진 점이 있다면, 나도 아이들과 함께 8시에 잔다는 것이다.

미국에서는 아이들이 자는 저녁 시간을 활용하여 대학원 공부를 했다. 하지만 지금은 나만의 새벽 시간을 갖기 위해 아이들과 함께 일찍 잔다. 나는 새벽 3시에 일어나 나를 위한 시간을 가진다. 홀로 깨어나 나를 위해 집중하는 시간이 필요하기 때문이다. 특히 글을 쓰려면 새벽 시간은 선택이 아닌 필수다.

규칙적인 아이의 수면은 가족들의 생활에도 엄청난 영향을 끼친다. 아이의 수면 교육을 위해 기억해야 할 중요한 몇 가지가 있다.

① 일관성이 있어야 한다. 그렇지 않다면 아이의 수면은 습관으로 자리 잡기 힘들다.

② 아이의 규칙적인 수면이 가족 생활의 우선이 되어야 한다. 아이가 잘 자야 부모도 다른 일을 할 수 있다.

③ 배우자와 충분한 공감이 있어야 한다. 부부는 육아 동지다. 배우자와 충분히 논의하고 한마음으로 실행한다.

④ 일정한 취침 시간과 기상 시간을 설정해야 한다. 취침과 기상 시간이 들쑥날쑥하면 안 된다. 아이의 하루 일정을 고려해서 아이에게 맞는 취침 시간을 설정한다.

⑤ 수면 의식이 하나의 습관이 되어야 한다. 그러다 보면 부모가 노

력하지 않아도 정해진 시간이 되면 아이는 졸려서 자려고 한다.

⑥ 아이의 수면을 돕는 다양한 것이 있다. 백색소음, 부드러운 마사지, 피로를 풀어주는 라벤더 오일은 아이의 수면을 돕는 것들이다.

이렇게 우리 자녀의 수면 습관을 만들어보자. 아이에게 맞는 취침 시간과 기상 시간을 정해서 실천해보자. 이는 아이의 성장발달에 도움이 되고 엄마만의 시간을 활용할 수 있는 환경을 만든다. 그것은 곧 육아의 질, 엄마와 아이의 삶의 질을 바꾼다. 아이와 함께 공존해서 잘 생활하려면 아이의 수면 습관 만들기는 필수다.

"습관은 철사를 꼬아 만든 쇠줄과 같다.
매일 가느다란 철사를 엮다 보면 이내 끊을 수 없는 쇠줄이 된다."

─호로스 만(미국 정치가·교육개혁가)

4

엄마가 더 신나는
하루 2시간 홈스쿨링 교육법 12

01

독 서 놀 이

랩으로 책 읽어주는 아빠, 매일 밤 이야기해주는 엄마

"지혜야! 갑자기 왜 우니?"

"흑흑. 책 내용이 너무 슬퍼서요."

내가 초등학교 3학년 때 일이었다. 나는 학교 숙제로 《선생님, 선생님 우리 선생님》이란 동화책을 읽었다. 학교 안에서 일어나는 선생님과 학생 사이의 갈등과 화해를 다룬 이야기였다. 줄거리가 슬프고 감동적이었다. 마지막 장을 덮고 나니 눈물이 뺨을 타고 주르륵 흘러내렸다. 나는 엉엉 소리 내어 울기 시작했다. 우는 소리를 듣고 놀란 엄마는 나를 꼭 안아주셨다.

이 책을 계기로 열 살의 나는 책의 바다에 빠져들었다. 책 읽는 재미를 맛본 것이다. 재미있을 것 같은 책을 찾아 집에 있는 서적을 모두 들춰보았다. 아빠 서재에 빼곡히 꽂힌 책 제목을 보는 것도 재미있었다. 그렇게 책은 나에게 놀이였다.

내 아이들에게도 책의 바다에 대해 알려주고 싶었다. 어떻게 하면 책을 좋아할 수 있을까? 책을 좋아하기 위해서는 첫째도 재미, 둘째도 재미, 셋째도 재미가 먼저다. "가장 싼 값으로 가장 오랫동안 즐거움을 누릴 수 있는 것, 바로 책이다." 프랑스의 사상가 미셸 드 몽테뉴의 말이다. 이처럼 아이들에게 책 읽는 즐거움을 누리게 해주고 싶었다.

아이들이 책의 즐거움에 빠지면 홈스쿨링도 한결 수월하리라 생각했다. 우리 부부가 홈스쿨링을 결정한 가장 큰 이유, 바로 책의 힘 때문이다. 부모의 역량만으로는 아이들의 교육을 온전히 책임지기 어렵다. 하지만 책이 아이의 또 다른 교사가 될 것이라는 확신이 있었다. 아이들이 책을 열 권 읽으면 열 명의 스승이 아이를 지도한다는 확신. 엄마 혼자 아이를 키우기는 힘들고 벅차지만 책과 함께 아이를 키운다고 생각했다. 내 아이들을 홈스쿨링으로 키우겠다는 결정에 용기가 생겼다.

"사람은 책을 만들고, 책은 사람을 만든다."

교보문고 설립자 신용호 님의 말이다. 이처럼 책은 우리 아이들의 인생을 만들 것이다. 그렇다면 어떻게 아이들에게 책의 재미를 알려 줄까? 내가 시도한 것 중 반응이 좋았던 세 가지를 소개한다.

① 색다른 방법으로 책을 읽는다

저녁식사 후 아빠가 아이들에게 책을 읽어주었다. 평소 나는 구연동화 하듯 상냥한 목소리로 책을 읽었다. 하지만 아빠는 색다르게 접근했다. 마치 〈쇼미더머니〉의 래퍼처럼 리듬을 타며 책을 읽었다. 아이들은 나긋나긋하게 읽는 엄마보다 리듬을 타며 읽는 아빠의 방식을 더 좋아했다. 엄마가 이미 읽어준 책인데도 새로워했다. 아빠가 속사포처럼 빠른 랩으로 읽으니 아이들은 더 집중해 책을 보았다. 항상 같은 방식으로 읽는 게 아닌 다른 방법으로 책을 읽어주는 것. 이것이 아이들이 책을 좋아하게 된 하나의 방법이다.

② 놀이 시간에 오디오북을 활용한다

2016년, 펜실베이니아 블룸스버그 대학의 베스 로고스키 교수는 실험을 했다. 읽는 독서와 듣는 독서의 차이를 연구하기 위해서였다. 실험 참가자들을 두 그룹으로 나누었다. 한 그룹은 눈으로만 책을 읽었고, 다른 그룹은 같은 책의 내용을 귀로만 들었다. 그리고 두 그룹의 책 이해도를 측정하기 위해 퀴즈를 냈다. 어떤 결과가 나왔을까? 두 그룹은 이해력에서 큰 차이가 없었다. 그는 "들을 때 책 내용을 더 쉽게 파악할 수 있다. 왜냐하면 화자의 목소리 톤이나 억양에서 많은 정보를 얻기 때문이다. 인쇄된 글자를 눈으로 보는 것보다 귀로 듣는 게 훨씬 쉽게 전달된다"라고 덧붙였다.

이처럼 귀로 듣는 독서도 좋은 방법이다. 특히 아이들에게 더 권장되는 방법이다. 책을 귀로 들으면 내용이 잘 이해되고 더 쉽게 느껴진다. 글자 없이 소리로만 책을 들을 때 아이들은 더 집중한다. 소리에 몰입하는 것이다. 이렇게 책을 많이 들은 아이는 배경 지식이 탄탄히 쌓여 공부의 기초가 다져진다.

우리 아이들은 네 살까지 미국에서 살다 귀국했다. 그 당시 영어는 물론 한국말조차 제대로 하지 못했다. 쉬운 단어 발음도 불분명했다. 양가 어르신들은 아이들 발음을 걱정하며 지적하셨다. 그때 나는 아이들에게 듣는 독서를 시작했다. 동화 CD를 자주 들려주었다. 말은 많이 들어야 입에서 나오기 때문이다. 그렇게 수개월 동안 책을 듣자 아이들의 언어 감각이 몰라보게 좋아졌다. 발음이 분명해지고, 말할 때 쓰는 단어 수준도 높아졌다. 이처럼 잘 듣는 능력은 말하기에 도움이 된다. 잘 들으면 상황을 이해하는 힘도 쑥쑥 자란다. 많이 들어 본 아이가 말도 잘하게 되는 것이다.

우리 아이들이 여섯 살 때였다. 아이들은 집에서 주로 색종이 접기, 그림 그리기, 블록 만들기 같은 놀이를 했다. 이럴 때는 대부분 가만히 앉아 있거나 혹은 엎드려서 놀았다. 그렇게 아이들이 놀이에 집중할 때면 나는 어린이용 오디오북을 틀었다. 아이들이 손으로 바쁘게 놀면서도 귀로는 책을 듣게 하기 위해서였다. 유튜브에서 오디오북을 찾아 들려주기도 했다. 책을 살 때 동봉된 CD도 틀었다. 내가 아이들에게 종일 책을 읽어줄 수는 없는 노릇이었다. 하지만 오디오북으로 늘 책을 들을 수는 있었다. 아이들은 듣는 독서를 통해 늘 책을 가까이했다.

아이들은 레고를 만들다가도 좋아하는 전래동화가 들리면 만들기를 잠시 멈췄다. 《혹부리 영감》이 나오면 집중해서 듣다가 깔깔거리며 웃었다. 또 책을 듣다가 모르는 단어가 나오면 꼭 질문했다. "점차적으로가 무슨 뜻이에요?"라고 물으면 나는 바로 단어 뜻을 알려주지 않았다. 대신 어린이용 국어사전을 함께 펼쳤다. 거기에 나온 쉬운 뜻풀이와 예문도 함께 알려주었다. 그러면 그 단어는 아이의 마음에 박혔다. 그리고 그 단어를 사용하기 시작했다. "엄마, 기차 소리가 점차 커지고 있어요." 찾아본 단어를 쉽게 적용하고 자기 것으로 만들었다. 이렇게 생활하면서 책을 자주 들어보자. 이 방법은 엄마와 아이 모두를 더 편안하고 쉬운 독서의 세계로 이끌어준다.

③ 책으로 하브루타 하기

앞에서도 언급했지만 하브루타란 배운 내용에 대해 질문하고 대답하는 토론 과정이다. 대화하며 답을 찾아가는 유대인의 전통적인 교육방법인 것이다. 세계적인 리더 중 유대인이 많은 이유도. 하브루타 교육 때문이다. 이 방법은 아이의 생각하는 힘을 기른다고 하여 우리 나라에서도 인기다. 하브루타를 이용하면 아이들과 책을 읽고 쉽게 독후 활동을 할 수 있다.

내가 아이들과 책으로 하브루타 하는 방법을 소개해보면 이렇다.

첫째, 책 제목을 읽기 전에 표지 그림을 먼저 본다. 그리고 나만의 제목을 짓는 게임을 한다. 아이들의 상상 속에서 엉뚱하고 기발한 제 목들이 나온다. 책을 읽기 전부터 호기심을 가지며 즐거워한다.

둘째, "왜?"라는 질문을 한다. 《혹부리 영감》을 읽으면서 "왜 주인공 은 혹을 떼고 싶어 했을까?", "도깨비는 왜 이렇게 말했을까?" 질문을 한다. 이렇게 책을 읽으면서 '왜'라는 질문을 하면 아이의 사고력과 통 찰력이 자란다. 질문에 대한 정답은 없다. 중요한 것은 아이가 생각을 자유롭게 말하도록 유도하고, 아이 말에 잘 반응하고 맞장구를 치는 것이다. 이렇게 질문하고 대답하면서 아이는 책 속에 숨겨진 뜻을 스 스로 찾는다.

셋째, '내가 주인공이라면'이란 상상을 한다. 아이가 책의 주인공이 되어 그 심정을 느껴본다. 이야기 속에는 인간의 보편적 사고와 정서 가 담겨 있다. 아이들은 주인공이 되어 삶의 가치를 쉽게 알아낸다. 이 렇게 질문을 통해서 아이의 생각을 알 수 있다. 책을 통해 아이의 감 정과 생각에 대해 이야기를 나눈다.

책을 좋아하는 아이로 키우기 위해서는 먼저 책이 주는 즐거움을 맛봐야 한다. 책의 재미를 느낀 아이는 스스로 책의 바다에 빠질 것이다. 다양한 방법으로 아이에게 책을 읽어주자. 거기에 듣는 독서와 하브루타로 책을 읽어보자. 그러면 아이들은 쉽고 재미있게 책이 주는 즐거움을 알게 될 것이다.

"좋은 책을 읽는 것은 과거 몇 세기의 가장 훌륭한 사람들과
이야기를 나누는 것과 같다."

― 르네 데카르트(프랑스 철학자)

02

한글 놀이

공룡 이름 놀이와 일기 쓰기로 한글 떼기

"이 글자 아는 사람, 손 들어보세요!"

우리 가족은 아이들이 네 살 때 미국을 떠났다. 유학생이던 우리 부부가 대학원을 졸업했기 때문이다. 10년 만의 귀국이었다. 얼마간의 한국 적응 기간을 마치고 아이들을 유치원에 보냈다. 처음 몇 달은 엄마와 함께 등원해야 했다. 덕분에 아이들의 유치원 생활 모습을 볼 수 있었다.

열 명 남짓한 네 살 동갑내기들이 있는 교실. 교사가 칠판에 한 단어를 적고 아이들에게 아는지 물었다. 몇 명이 손을 들었고, 그중 한 아이가 칠판에 적힌 단어를 읽었다.

"남대문입니다!"

남자아이는 '남대문'이란 단어를 보자마자 쉽게 읽었다. 나는 그 광경을 보고 깜짝 놀랐다. '아니, 겨우 네 살짜리 아이가 받침 있는 글자를 망설임 없이 읽다니!'

'아이들을 고유한 성향대로 키우되, 다른 아이와 절대 비교하지 말자!'란 철학을 가진 나였다. 하지만 또래 아이가 한글을 척척 읽는 모습에 비교를 안 하려야 안 할 수가 없었다. 그런 내 마음은 좌절감으로 연결되었다. '그동안 아이들을 너무 놀렸나?' '한글은 천천히 배우면 돼'라는 생각에 찬물을 끼얹는 충격이었다. 같은 반 아이들 대부분이 한글을 읽을 줄 알았다. '이러다 우리 아이들만 뒤처지는 게 아닐까?'

그날부터 아이들 한글 떼기 고민이 시작되었다. 비교하지 않고 키우겠다던 신념이 무색했다. 나는 다른 아이들을 의식하면서 우리 아이들에게 한글을 가르치기 시작했다. 학습지도 해보고, 인터넷에 나온 좋다는 방법은 이것저것 시도해보았다. 하지만 나의 마음과는 다르게, 아이들은 잘 따라오지 않았다. 엄마는 조급했지만, 아이들은 느긋했다. 그렇게 나는 아이들에게 한글을 가르치며, 무수한 시행착오를 경험했다. 그러다 〈Cambridge Assessment English〉의 기사를 읽게 되었다. "언어는 집에서 아이들이 격려를 받으면 배우기 쉽다. 특히 규칙적인 연습은 언어 학습에 정말 도움이 된다." 나는 여러 기사와 논문을 찾아 읽으며 나만의 원칙 네 가지를 세웠다.

첫째, 한글 배우기는 무조건 쉽고 재미있어야 한다. 그리고 아이가 그만하고 싶어 할 때는 언제든지 멈춘다.

둘째, 짧은 시간 규칙적으로 매일 배운다. 매일 학습을 이기는 것은 아무것도 없다.

셋째, 아이를 믿고 기다려준다. 아이들은 자신의 속도에 맞게 한글을 배운다. 엄마는 조급증을 버리고 아이의 속도에 맞추면 된다.

넷째, 아이마다 각자 다른 방식으로 한글을 배운다. 큰아이는 통으로 단어를 익혔다. 글자의 모양을 보고 감으로 글자를 인지했다. 반면에 작은애는 한글을 구조화하여 읽었다. "'ㄱ' 아래에 'ㅗ'가 오고, 다음에 'ㅇ'이 오니까 '공'이란 소리가 나는구나!" 쌍둥이라도 둘이 한글 배우는 방법은 확연히 달랐다.

이 네 가지를 지키며 한글을 가르치니 나와 아이들에게도 마음의 여유가 생겼다. 좀 늦더라도 아이는 자신의 속도대로 한글을 배웠다. 이제 일곱 살이 된 아이들은 책을 곧잘 읽는다. 나는 아이들에게 한글을 놀이 방식으로 재밌게 가르쳤다. 우리 아이들이 한글을 배운 아홉 가지 방법을 소개하겠다.

① 좋아하는 책을 많이 읽어준다

책 제목을 읽을 때면 아이도 손가락으로 짚어가며 따라 읽게 했다. 주로 아이들이 좋아하는 분야의 책을 골랐다. 우리 아이들은 공룡을 좋아했다. 공룡에 관한 다양한 책을 도서관에서 빌렸다. 서점에서도 원하는 공룡 책이 있으면 사주었다. 공룡 이름은 발음이 어려워서 한 글자씩 천천히 읽어주었다. 자신이 좋아하는 공룡의 이름을 읽기 위해 아이들도 몰입했다.

② 다양한 방법으로 한글을 쓰게 한다

아이들은 한글을 쓸 때 꼭 연필로 종이에만 적지 않았다. 매번 같은 필기구를 사용하면 아이들은 쉽게 지루해했다. 보드에 적기도 하고, 길바닥 모래 위에 나뭇가지로 적기도 했다. 자동차 창문에 김이 서리면 손가락으로 적기도 하고, 글자 모양을 따라 스티커를 붙이기도 했다. 다양한 방법으로 한글을 적으면서 한글은 재미있다는 마음이 들도록 했다.

③ 좋은 영상을 시청한다

아이들은 엄마와 함께 EBS 〈한글이 야호〉를 봤다. '한글이'와 '야호'의 이야기에 푹 빠졌다. 영상 속 '뿌미'와 '초롱이'는 또 다른 교사가 되어 한글의 조합 원리를 설명했다. 아이들은 시각적으로 자연스럽게 배운 단어를 보드에 한 번씩 써보았다. 어떤 때는 정확히 쓰고, 어떤 날은 틀리기도 했다. 그럴 때면 나는 가볍게 교정해주고 넘어갔다.

④ 일상 속에서 보이는 한글을 읽는다

밖에 나오면 간판 읽기 놀이를 했다. 아이들이 알 만한 단어가 보이면 맞히는 게임을 했다. 그러면 아이들은 천천히 글자를 읽었다. 우리 아이들은 주유소와 아파트 이름 읽기를 좋아했다.

또 광고지나 신문을 활용해 한글 놀이를 했다. 알록달록한 광고지에서 자기가 아는 단어에 동그라미를 쳤다. 처음에는 몇 개 없었지만, 시간이 지나면서 점점 동그라미가 늘었다. 중요한 것은 엄마의 강압적인 태도는 지양해야 한다는 것. 아이들에게는 무조건 재미있는 방식이 최고다.

⑤ 좋아하는 노래로 한글을 배운다

남편은 어릴 때 즐겨보던 만화를 아이들과 함께 보곤 했다. 〈축구왕 슛돌이〉, 〈피구왕 통키〉, 〈아기 공룡 둘리〉. 옛날 만화인데도 아이들은 아빠와 함께 재미있게 보았다. 특히 남자아이들이 좋아하는 축구가 소재인 〈축구왕 슛돌이〉를 열정적으로 보았다. 아이들은 주제가를 따라 불렀다. 정확한 가사는 몰라도 음을 기억했다.

나는 전지에 〈슛돌이〉 주제가를 적었다. 그리고 아이들과 한 글자씩 따라서 불러보았다. 한글도 익히고 좋아하는 노래도 부르니 아이들의 반응이 최고였다. 특히 한글에 별 관심이 없던 큰아이가 열심히 노래를 익혔다. "아빠, 저 〈축구왕 슛돌이〉 노래 다 부를 줄 알아요!" 퇴근하고 돌아온 남편 앞에서 아이는 자랑스럽게 한글을 손으로 짚으며 노래를 불렀다.

⑥ 감사일기를 적는다

저녁 무렵 아이들은 그날의 감사한 일을 간단히 말했다. 그러면 나는 네모 칸 공책에 썼다. 그리고 아이들은 엄마 글씨를 보고 따라 적었다. 아이들은 자신의 경험이라 성의껏 진지하게 일기를 적어나갔다. 처음에는 삐뚤빼뚤한 글씨가 시간이 지나자 단정해졌다.

⑦ 낱말카드와 한글 자석으로 게임을 한다

낱말카드를 바닥에 흩어놓고, 엄마가 말하는 단어카드를 낚싯대로 올리는 게임을 했다. 아이들의 재미를 위해 자석과 막대기를 연결하여 낚싯대도 만들었다. 두 아이는 서로 낱말카드를 낚으려고 경쟁하며 몰입했다. 또 냉장고에 붙이는 한글 자석도 활용했다. 배운 글자를 자석으로 재배열하면서 한글의 원리를 알게 되었다.

⑧ 주변 사람들의 이름을 쓰게 한다

우리 아이들은 자신의 이름부터 시작해서 가족, 친구의 이름까지 썼다. 자신이 좋아하는 친구의 이름을 정확히 쓰기 위해 몇 번이나 반복했다. 좋아하는 사람 이름 쓰기의 효과는 정말 좋았다.

⑨ 쇼핑 리스트를 적어본다

나는 마트에 가기 전 아이들과 함께 구매목록을 기록했다. '사과'나 '두부'처럼 쉬운 단어는 아이들이 직접 적었다. 그리고 마트에 가면 아이들에게 그 물건을 가져오라고 시켰다. 놀이처럼 배운 단어는 절대 잊지 않았다.

엄마들의 최대 고민인 한글 떼기. 학습지나 교재로 억지로 하기보다 엄마와 함께 놀면서 해보면 어떨까. 엄마의 여유로운 마음이 가장 중요하다. 그러면 아이는 자신의 속도에 맞춰 한글을 배울 것이다.

"신중하되 천천히 하라. 빨리 뛰면 넘어지기 쉽다."

—셰익스피어(영국 작가)

03

영어 놀이

매일 밤 〈나 홀로 집에〉를?

"너희들 미국에서 태어났다며? 영어 잘하겠네? 한번 해봐!"

"ABCDEFG~."

우리 가족이 귀국하고 얼마 후의 일이었다. 아이들을 만난 어른들은 대부분 영어 이야기를 꺼냈다. 어떤 사람은 아이들에게 영어로 말해보라고 시켰다. 그러면 우리 아이들은 ABC 동요를 불렀다. 그것도 끝까지 부르지 못하고 'ABCDEFG~ ABCDEFG~' 이 부분만 반복해서 불렀다.

우리 아이들은 미국에서 태어나 자랐지만, 영어를 말할 줄 몰랐다. 나는 영어보다 아이들과의 애착 관계 형성에 주력했기 때문이다. 주변의 한국 엄마들은 자녀가 만 세 살이 되면 데이케어에 보냈다. 어렸을 때부터 영어와 친숙해지게 하려는 의도였다. 나에게도 아이들을 하루빨리 데이케어에 보내라고 했다. 지금부터 제대로 영어를 배워야 나중이 편하다고 했다.

하지만 나는 세 살 아이들에게 필요한 것은 무엇보다 엄마의 사랑이라고 생각했다. 내가 직장에 다녀서 시간이 없는 것도 아니었다. 물론 나는 당시 대학원 과제와 논문으로 바빴다. 하지만 나의 일과를 충분히 조정할 수 있었다.

우리 부부는 서로의 일정을 맞춰 아이들을 직접 키우기로 했다. 아이들과 함께하는 소중한 이 시간, 다시 오지 않을 이때를 가족이 함께하기로 한 것이다.

영어도 아이들과 함께하면서 직접 가르치자고 약속했다. 영어를 즐겁게 배울 수 있는 환경만 제공하면 가능할 거라고 생각했다. 친정 엄마는 나에게 즐겁게 영어를 접할 수 있게 해주셨다. 덕분에 나도 영어 배우기를 좋아했다. 우리 아이들도 영어를 학습하기보다는 재미있게 배우기를 원했다.

초등학생이던 나는 엄마와 영어 게임을 자주 했다. 길을 가다 영어

간판이 보이면 읽는 게임이었다. 뜻을 맞히면 내가 좋아하던 아이스크림을 사주셨다. 또 길을 지나다가 외국인이 보이면 먼저 다가가 인사하기 게임을 했다. 내가 쭈뼛쭈뼛 다가가 '헬로'라고 하면 환하게 웃던 외국인들. 그 기억으로 나에게 영어란 즐겁고 신나는 것이었다.

영어의 호기심은 팝송으로 이어졌다. 중학생인 나는 KBS 라디오 〈오성식의 굿모닝 팝스〉의 애청자가 되었다. 매달 프로그램 월간지를 사고, 내가 좋아하는 팝송을 따라 불렀다. 진행자의 다양한 팝송 소개와 해석을 듣는 것은 정말 재미있는 일 중 하나였다.

특히 나는 1982년 폴 매카트니와 스티비 원더가 발표한 노래 〈Ebony and Ivory〉를 좋아했다. 이 노래는 피아노가 흑백 건반의 조화로 아름다운 소리를 내듯이, 인종 간의 조화를 염원한 것이다. 나는 팝송으로 영어를 배우고 음악의 배경을 배우는 게 좋았다. 중학교 때 짝꿍에게 내가 좋아하는 팝송을 불러주기도 했다. 나는 신나게 팝송을 배우며 영어의 문화에 빠져들었다.

우리 아이들도 영어를 즐겁고 자연스럽게 배우길 원했다. 아이가 놀면서 영어를 배우는 방법을 연구했다. 유아 영어에 관한 책과 논문을 찾아 읽었다. 또 미국 사람들에게 직접 묻고, 홈스쿨링 가정을 유심히 관찰했다. 그러다 몇 개의 중요한 공통점을 찾아냈다. 그중 핵심적인 네 가지 방법을 소개하겠다.

① 영어책 낭독하기

영어를 배우는 데 가장 좋은 방법은 무엇일까? 단연코 책이다. 책은 언어를 배우는 데 가장 좋은 도구다. 영어책을 아이에게 소리 내어 읽어주는 것. 아이는 엄마의 목소리를 들으며 영어를 자연스럽게 접한다.

그렇다면 어떤 영어책을 선택해야 할까? 아이의 흥미를 끄는 재미있는 책이 좋다. 글자가 적고, 그림 자체로 매력적인 영어책. 아이가 놀이처럼 읽을 수 있는 책. 아마존 베스트셀러 《하루 10분 책 육아》의 저자인 멤 폭스는 즐겁게 책을 읽는 중요성을 언급했다.

"부모의 역할은 아이와 인격적인 관계에서 상호 작용을 하고 놀이를 하는 것에 있다. 책을 읽는 것은 아이들에게 신나고 재미있는 경험이며 아이들은 그것을 하나의 즐거운 놀이로 인식하게 된다."

내가 가장 먼저 우리 아이들에게 읽어준 영어책은 바로 《Squishy Turtle and Friends》이다. 이 책은 바닷속 동물들을 소개하는, 알록달록한 색감의 헝겊으로 되어 있다. 책 표지를 손으로 만지면 바스락거리는 소리가 났는데 아이들은 이 촉감을 정말 좋아했다. 아이들은 이 책을 몇 번이나 반복해서 읽어달라고 했다.

② 영어 흘려듣기

생활 속에서 아이가 영어를 쉽게 접하는 방법이 있다. CD나 유튜브로 영어를 틀어놓는 것이다. 엄마가 하는 일은 아이의 수준에 맞는 영어 음원을 트는 것뿐.

나는 아이들이 노는 시간에 영어를 틀어놓았다. 아이는 레고를 조립하면서, 그림을 그리면서, 색종이를 접으면서 영어를 자연스럽게 들었다. 아이들은 노는 와중에 귀에 들리는 단어의 뜻을 물었다. 가끔은 재미있는 장면이 들리면 깔깔거리며 웃었다.

캐나다 언어학자인 스티브 카우프만은 듣기의 중요성을 강조했다.

"영어를 충분히 듣고 이해하면 다른 언어 영역도 발달합니다. 말하기가 능숙해지고, 문법도 정확해집니다. 당신이 원어민의 말을 이해할 만큼 듣는 것에 노출되어 있다면, 모든 언어 영역은 발달할 것입니다."

영어 흘려듣기는 외국인이 모국어를 배우는 원리다. 영어를 많이 들으면 아이의 두뇌에 쌓이는 것이다.

영어 동요를 들려주는 것도 효과적이다. 우리 아이들은 영어 동요 듣기를 좋아했다. 나는 아이들에게 〈Wee sing〉 시리즈를 자주 들려주었다. 〈Wee sing〉은 어린이 자장가 모음곡으로 아이들이 좋아하는 장난감, 기차 등을 주제로 다양한 버전이 있다.

③ 영어 영상 노출 시키기

아이가 즐겁게 영어를 접할 수 있는 또 다른 방법은, 아이 나이에 맞는 영어 영상을 보여주는 것이다. 아이는 영상을 보며 영어를 쉽게 받아들인다. 내용을 이해하지 못해도, 아이는 대략적인 내용을 파악한다. 그리고 아이는 영상에서 반복적으로 접했던 영어 표현을 생활 속에서 사용한다.

우리 아이들은 여섯 살 때 〈나 홀로 집에〉를 봤다. 아이들은 어린 케빈이 도둑을 물리친다는 내용에 열광했다. 영화를 몇 번이나 반복해서 본 후, 아이들은 거기서 나온 표현을 사용했다. 예를 들면, 케빈의 사촌 형이 가방을 1층으로 던지며 "bombs away"라고 하는 장면. 아이들은 작은 돌멩이를 땅으로 던지며 "bombs away"라고 따라 했다. 또 집에 홀로 남겨진 케빈은 좋아하는 치즈피자를 먹으며 "I love cheese pizza!"라고 했다. 아이들은 이 문장을 기억했다. 그리고 자신이 좋아하는 음식을 먹으며 "I love chocolate!"이라고 적용했다.

④ 간단한 생활영어를 반복해서 들려주기

엄마가 간단한 생활영어를 아이에게 들려주면, 아이는 영어를 자연스럽게 접할 수 있다. 짧고 쉬운 문장을 반복하는 것이다. 엄마의 발음은 중요하지 않다. 엄마가 발음에 자신이 없어도 아이들은 개의치 않는다. 발음은 나중에 동영상을 보거나 들으면 자연스럽게 교정된다. 그보다 중요한 것은 영어를 아이에게 꾸준하게 노출하는 것. 아이들이 생활 속에서 '이런 상황에서는 이런 말을 쓰네' 정도만 깨달아도 좋다.

"외국어를 편안하게 느끼고 많이 써보면, 그 안에 숨어 있는 원칙과 패턴이 자기 것이 됩니다." 영어 강사 이보영이 한 말이다. 이처럼 영어를 일상에서 자주 쓰는 것이 중요하다.

나는 아이들에게 아주 간단하고 쉬운 문장을 반복해서 말했다. 아침에 아이들이 일어나면 나는 'Good morning, Sunshine!'이라고 인사했다. 'I love you, Joshua'라고 하며 큰아이를 안아주었다. 그리고 자기 전에 'Good night, my son'이라고 했다.

아이에게 들려주는 생활영어는 어렵지 않아도 된다. 나는 아주 간단하고 기초적인 것부터 시작했다. 내가 먼저 어려운 영어를 구사하려다 보면, 아이도 그 스트레스를 느낀다. 엄마부터 쉽게 시작하는 간단한 생활영어를 써보자.

아이들이 영어를 자연스럽게 접할 수 있는 환경을 만들어주는 것. 그것이 아이들이 즐겁게 영어를 배우는 지름길이다. 지혜로운 엄마는 아이들에게 영어를 자연스럽게 노출한다. 영어를 하면 즐겁고 신나는 일이 많다는 것을 보여주자. 학습으로 대하는 영어는 오히려 흥미가 떨어질 수 있다. 아이들이 영어에 대해 즐거움을 느끼면 아이는 영어의 바다에 빠질 것이다.

"우리는 즐겁게 배우는 것은 절대 잊지않습니다."

―알프레드 메르시에(미국 시인)

04

수학 놀이

차 안에서 덧셈 놀이, 집에서 시계 놀이

"수는 가장 높은 수준의 지식이다. 수는 지식 그 자체이다."

그리스 철학자 플라톤의 명언이다. 평소 수학을 높이 평가했던 플라톤은 수학에 관심이 많았다. 수학은 모든 학문의 기초다. 우리 삶에 꼭 필요한 지식이다.

우리 아이들이 다섯 살 때의 일이다. 육아 선배인 친구가 우리 집으로 택배를 한가득 보내주었다.

"이거 애들 수학 가르칠 때 좋아. 나중에 꼭 필요할 거야."

그 상자 속에는 우리 아이들을 위한 다양한 수학 교구들이 가득 차 있었다. 교구들은 원목으로 만들어져 있어 얼핏 보기에도 고급스러워 보였다. 나는 깜짝 놀랐다. 검색해보니 교구 하나당 가격이 만만치 않았다. 그 일로 나는 엄마들이 아이들의 수학에 얼마나 관심을 가지고 신경 쓰는지 알게 되었다. 형편만 허락한다면 비싼 교구를 사용하는 것도 괜찮을 것이다.

하지만 아이들한테 수 개념을 깨우쳐주기 위해 꼭 값비싼 교구를 사야만 할까? 나는 그렇지 않다고 생각한다. 왜냐하면 엄마와 함께 노는 동안에도 아이들에게 충분히 수학적 지식을 알려줄 수 있기 때문이다. 엄마표 교구로 수 개념과 공간 개념을 아이들에게 알려줄 수 있다.

그런데 엄마가 아이들에게 수학을 가르칠 때 명심할 것이 있다. 수학이 지루한 학습이 아닌 재미있는 놀이가 되어야 한다는 것이다. 학창 시절 나에겐 수학이 부담 그 자체였다. 나는 수학을 공부하기 위해 학습지를 했는데, 안 풀고 쌓아만 두었다. 학습지는 내 책상 위에 점점 쌓여갔다. 나중에는 밀린 학습지를 보는 것만으로도 스트레스였다.

독일 심리치료사인 롤프 메르클레는 배움에서 즐거움의 중요성을 강조했다.

"천재는 노력하는 사람을 이길 수 없고 노력하는 사람은 즐기는 사람을 이길 수 없다."

롤프의 표현을 빌리자면 수학을 배우는 자는 수학을 즐기는 자를 이길 수 없다. 나는 우리 아이들이 수학을 학습으로 여기기보다 즐기기를 원했다. 그래서 나는 아이들이 놀이로 수학에 접근하도록 했다. 내가 아이들과 놀면서 수학을 공부하는 방법 세 가지를 소개해보면 이렇다.

① 레고로 수학 놀이하기

"이 튼튼한 플라스틱 블록은 놀이를 넘어서 본질적인 교육의 가치가 크다. 아이들은 레고를 가지고 놀면서 수학의 공간적 지식을 향상시키고 비례적 개념을 배울 수 있다. 심화 과정의 레고 조립은 컴퓨터 프로그래밍, 로봇공학을 위해 대학에서도 사용된다."

미국 맨해튼 학교에서 영재 수업을 담당하는 교사 앨리샤 짐머만의 말이다. 그녀는 레고를 이용해서 특별한 방법으로 아이들에게 수학을 가르친다. 앨리샤는 레고 블록을 가지고 덧셈과 뺄셈, 분수와 제곱 같은 수학 개념을 쉽게 설명한다. 예를 들어, 그녀는 가장 큰 모양의 레고 블록을 '1'로 보고 그 절반 크기의 레고를 1/2로 만들어 분수 개념을 설명한다. 수학을 어려워하는 아이들에게 수 개념을 시각화한 것이다.

아이들의 눈높이에 맞춘 그녀의 교육 방식은 획기적이었다. 아이들은 자기가 좋아하는 레고를 이용해 복잡한 수학 원리를 재미있게 깨우쳤다. 앨리샤는 "레고는 아이들에게 수학을 포장할 수 있는 가장 좋은 방법이다"라고 말했다.

나는 레고를 좋아하는 우리 아이들에게 그녀의 방법을 시도해보았다. 정형화된 규격의 레고 블록을 이용하니 아이들은 훨씬 더 쉽게 수 개념을 받아들였다. 아이들이 좋아하는 장난감을 사용하자 수학은 또 다른 놀이가 되었다. 내가 아이들과 했던 레고 수학 놀이 방법 다섯 가지를 말해보면 다음과 같다.

첫째, 아이들은 레고 블록을 쌓았다. 나는 아이들에게 높고 낮음의 개념과 수가 많고 적음의 개념을 시각화하여 알려주었다. 둘째, 아이들은 레고로 시계를 만들었다. 나는 시계 읽는 법을 가르칠 때 이 방법을 사용했다. 아이들은 시간 읽기를 어려워했다. 하지만 자신이 좋아하는 레고로 시계를 만들고 읽으면서 그것을 놀이로 여기며 즐거워했다. 셋째, 아이들은 레고로 숫자를 만들었다. 나와 아이들은 레고로 숫자를 시각화했다. 이것은 수 개념을 배우기 시작하는 유아에게 특히 좋은 방법이다. 넷째, 아이들은 주사위를 굴려 나온 숫자만큼 레고를 더했다. 이 놀이로 아이들은 덧셈의 개념을 배웠다. 다섯째, 아이들은 먼저 레고로 탑을 쌓은 다음, 주사위를 굴려 나온 숫자만큼 레고 개수를 뺐다. 아이들은 그렇게 뺄셈의 개념을 배웠다.

② 생활에서 수학 놀이하기

우리 아이들은 자동차를 좋아했다. 아이들은 주차장에 세워져 있는 멋진 자동차를 보면 그냥 지나치지 않았다. 나는 아이들이 자동차를 구경할 때 자동차 번호판을 읽어보자고 제안했다. 아이들은 이 게임을 좋아했다.

아이들은 자동차 번호판을 읽으면서 수의 개념을 이해하고 수와 친해졌다. 먼저 아이들은 짝수와 홀수 개념을 번호판을 보면서 배웠다. 처음에는 짝수와 홀수 개념을 어려워했다. 하지만 나는 아이들에게 번호판의 마지막 숫자만 잘 보라고 알려주었다. 그러자 아이들은 쉽게 짝수, 홀수의 개념을 깨우쳤다. 그리고 나와 아이들은 번호판 일의 자리부터 천의 자리까지 읽어보기도 했다. 두 자릿수 이상부터는 내가 함께 읽어주었다. 또 번호판의 숫자 네 개 중 두 개를 골라 더해보는 게임도 했다.

우리 아이들은 계단 오르기를 좋아했다. 아이들이 한창 숫자 세기에 관심을 가질 때였다. 나는 아이들이 높은 계단을 오르고 내릴 때 숫자 세기 놀이를 하자고 했다. 처음에는 아이들이 10까지 세기도 힘들어했다. 하지만 이 게임을 반복적으로 하니 나중에는 100까지 셀수 있었다.

나와 아이들은 버스정류장도 그냥 지나치지 않았다. 우리는 정류장 앞을 지나가는 버스의 번호 읽기 게임을 했다. 이뿐만 아니라, 버스의 색깔도 함께 말했다. 처음에는 아이들이 한국어로 말했지만, 나중에는 영어로 말하기를 시도했다. 정류장에서 시작된 숫자 게임이 영어 게임으로 확장되었다. 버스로 수학과 영어를 동시에 배운 것이다.

③ 차 안에서 수학 놀이하기

아이들은 이동하는 차 안에 있으면 금방 지루해했다. 한번은 결혼식에 가는 길이었는데 차가 많이 막혔다. 아이들은 나에게 언제 도착하냐고 채근했다. 그때 나는 아이들에게 퀴즈를 냈다.

"우리 집에 티라노사우루스 공룡 다섯 마리가 놀러 왔어요. 트리케라톱스 공룡 네 마리도 찾아왔고요. 그럼 공룡 몇 마리가 온 걸까요?"

그러자 두 아이는 손가락을 세며 더하기에 열중했다. 나는 정답을 말한 아이에게 작은 비타민을 상으로 하나씩 주었다. 그랬더니 아이들의 승부욕이 발동했다. 나는 이런 방법으로 아이들에게 덧셈과 뺄셈을 가르쳤다. 처음엔 아이들이 손가락으로 열심히 계산했다. 하지만 반복되는 덧셈과 뺄셈에 아이들은 차츰 암산으로 계산하고 답했다.

또 자동차를 타고 가다가 숫자 표지판이 보이면 읽는 게임을 했다. 속도제한 표지판에 적힌 숫자 읽기 게임이었다. 그것은 지루한 차 안에서 아이들과 하기 좋은 놀이였다. 자동차 속도에 따라 순식간에 숫

자가 지나갔기 때문에 아이들의 집중력 향상에도 도움이 될 뿐만 아
니라 스릴도 넘쳤다.

　이렇게 엄마와 함께 아이들이 수학을 놀이로 배운다면 어떨까? 배
우는 과정이 즐겁고 흥미롭다면 아이들은 분명 수학을 좋아하게 될
것이다. 아이들은 비싼 교구가 없어도 엄마와 다양한 방법으로 수학
을 배울 수 있다.

"지루한 수학 같은 건 없어야 합니다."
——에츠허르 데이크스트라(네덜란드 과학자)

05

과 학 놀 이

과학은 실험과 박물관으로

"물은 얼음이 되면 왜 딱딱해져요?"
"토성에는 왜 띠가 있어요?"

아이들은 끊임없이 질문했다. 책을 보다가, 길거리를 지나가다가
궁금한 것이 있으면 물었다. 자연현상에 대해서 묻고, 우주에 대해서
물었다. 내가 평소 그냥 지나쳤던 것도 아이들에게는 호기심의 대상
이었다.

"아이들은 모두 과학자로 태어났습니다. 어른들은 그것을 살짝 건드리기만 하세요. 그러면 아이에게서 미지의 과학에 대한 열정과 호기심이란 물방울이 흘러나올 것입니다."

미국의 천문학자 칼 세이건의 말이다. 그의 말에 의하면 아이들은 호기심과 실험정신으로 똘똘 뭉친 과학자로 태어난다고 한다. 부모는 그 물꼬를 살짝 틀어주기만 하면 될 뿐이다. 아이들의 질문을 들어주고, 아이와 함께 고민하면 된다.

과학은 생활 속의 크고 작은 현상을 탐구하는 것이다. 아이가 일상 속에서 접하는 것들에 대해 호기심을 갖는 것이 과학의 시작이다. 그리고 그 해결 방법을 찾으면서 아이들은 성장한다. 과학이 아이들에게 중요한 이유는 무엇일까? 과학이 아이들에게 중요한 이유 세 가지는 다음과 같다.

① 과학은 아이들의 잠재력을 일깨운다

잠재력이란 겉으로 드러나지 않고 속에 숨어 있는 힘이다. 과학 활동은 아이들의 잠재된 사고를 최대로 끌어올린다. 아이들은 사물을 보고, 듣고, 만지고, 실험하는데, 그 과정을 통해 깊게 생각하고, 자세히 관찰하고, 느낌을 말하고, 상상한다.

아이들은 주변을 관찰하고, 호기심을 갖는다. 궁금증을 풀기 위해 스스로 생각해보고 탐구한다. 그러면서 자연스럽게 과학 원리를 깨우치게 된다. 끈기 있게 실험에 몰두하는 사이 사고력과 창의력, 집중력도 폭발적으로 증가한다. 이를 통해 과학을 넘어 다양한 영역의 문제에 부딪힐 때 아이들은 논리적으로 생각하고 문제를 해결하는 힘을 기르게 된다.

② 과학은 아이들의 신경 발달에 긍정적 영향을 미친다

신경학적 뇌 발달에서 가장 중요한 기간은 유아기로 알려져 있다. 유아는 과학 활동을 통해 주변을 탐색하고 생각을 자유롭게 표현한다. 국립과학협회에 따르면 어린이들은 활발한 탐험을 통해 학습하고, 관찰하고, 상호 작용하면서 신경이 발달한다고 한다.

"갓난아이와 유아는 초마다 700개의 신경 연결을 형성한다. 이런 신경학적 과정과 세상이 어떻게 작동하는지에 대한 호기심으로 유아기가 과학탐구를 시작하는 최적의 시기"라고 제니퍼 버크터 교수는 설명했다.

③ 과학은 아이들의 미래 열쇠를 쥐고 있다

과학은 아이들로 하여금 다가올 미래를 탄탄하게 준비하게 한다. 이를 위한 대표적인 교육은 'STEM'이다. STEM 교육이란 과학(S), 기술(T), 공학(E), 수학(M)의 줄임말이다. 《시사상식사전》을 찾아보면 STEM이란 '과학기술에 대한 흥미와 이해를 높이고, 융합적 사고력과 실생활 문제 해결력을 배양하는 교육'이라고 말한다.

미국은 아이들에게 적극적으로 STEM 교육을 펼치고 있다. 미국 정부는 STEM 교육이 일자리 창출과 경제 확장에 도움이 된다고 했다. 미국 경제통계청(ESA)의 조사에 따르면 지난 10년 동안 미국 내 STEM 관련 일자리는 타 부서에 비교해 세 배 가까이 늘었다. 이에 미국 정부는 STEM 전공자를 지속적으로 양성해 실업률을 낮추고 경제 활성화를 이루겠다고 발표했다.

앤서니 카네발레 조지타운 교육센터장은 "현재의 경제체제에서는 과학기술 학위를 가지는 것이 가장 나은 선택"이라고 말했다. 과학에 관한 관심과 지식은 미래의 직업을 고를 때 선택의 폭을 넓혀준다.

그렇다면 어떻게 우리 아이들이 과학을 재미있고 흥미롭게 배울 수 있을까? 교실에서 진행되는 이론 위주의 과학 수업은 따분하고 현실과 괴리가 크다. 하지만 아이들이 과학을 경험하고 체험하면 살아 있는 학습이 된다. 과학은 엄마와 함께 재미있고 신나게 배울 수 있다. 내가 우리 아이들과 했던, 과학을 일상에서 재미있게 접할 수 있는 두 가지 방법을 소개해보겠다.

① 엄마표 과학실험

과학실험은 복잡할 필요가 없다. 집에 있는 재료만으로 쉽게 할 수 있다. 우리 아이들이 여섯 살 때였다. 나는 설거지 개수대를 청소하려고 베이킹소다에 식초를 섞었다. 이를 본 아이들은 "와! 부글부글 끓어오른다! 이건 화산 아니에요?"라며 환호했다. 알칼리성인 베이킹소다와 산성인 식초가 만나 중화반응으로 탄산가스가 발생한 것이다. 우리는 식초와 베이킹소다, 두 가지 재료로 화산폭발 실험을 했다. 가스가 부글부글 나오는 모습이 진짜 마그마가 분출하는 것 같았다. 집에서 쉽게 구할 수 있는 재료로 아이들은 화산폭발 원리를 배웠다.

아이스크림 케이크를 사면서 받은 드라이아이스. 아이들은 이 드라이아이스를 만지고 싶어 했다. 포장지에는 화상 위험 경고 표시가 있었다. 나는 어떻게 하면 드라이아이스로 안전하게 실험할 수 있을까 생각했다. 우선 드라이아이스를 그릇에 넣고 물을 채웠다. 그러자 보글보글 소리와 함께 새하얀 안개처럼 연기가 올라왔다. 아이들이 환호하며 어떻게 연기가 생기냐고 물었다. 나는 아이들과 함께 그 원리를 찾아보았다. 드라이아이스는 실온에 두면 기체로 변하면서 없어진다. 하지만 물과 만나면 드라이아이스가 승화하면서 거품이 생긴다. 그 거품이 연기로 바뀌는 것이다.

크로마토그래피 실험도 아이들의 반응이 좋았다. 크로마토그래피는 다양한 분자들이 섞여 있는 혼합체를 분리하는 실험이다. 준비물은 키친타월, 사인펜, 물, 그릇. 길게 자른 키친타월에 사인펜으로 점을 찍고 물에 담갔다. 각 사인펜에서 혼합되어 있던 다양한 색들이 추출되어 나왔다. 아이들은 주황색 사인펜에서 빨간색과 노란색이 나오는 것을 확인했다. 아이들은 눈으로 보이는 색은 하나지만, 그 안에 다양한 색이 섞여 있다는 사실을 배웠다.

② 박물관 견학

"최고의 박물관은 과학에 대한 호기심을 주는 곳이다."

마이크로소프트의 공동 창립자 폴 알렌의 말이다. 과학을 공부하는 데 박물관만큼 좋은 장소는 없다. 여기에는 몇 가지 이유가 있다. 첫째, 많은 교육 자료를 접할 수 있다. 박물관에 가면 희귀한 표본이나 유적을 접할 수 있다. 둘째, 관심 분야를 깊이 있게 탐구할 수 있다. 작은아이는 박물관에서 복원된 공룡을 보며 백악기 시대를 이해하고 멸종의 개념을 배웠다. 셋째, 박물관에 있는 전시품을 체험하면서 생생한 과학을 배울 수 있다. 아이들은 인체 골격 모형을 보고 만지며 뼈의 단단함을 느껴보았다. 박물관은 아이들에게 살아 있는 배움터다.

우리 아이들은 미국 자연사박물관에서 사람 장기 모형을 만지며 인체에 대해 배웠다. 각 장기를 모두 몸에서 빼냈다가 순서대로 다시 넣어보았다. 그러면서 각 장기 모양과 위치를 알게 되었다. 또 박물관에서 희귀 뱀에 대한 설명을 듣고 직접 만져보는 체험도 했다. 실제 모양과 크기로 복원된 공룡도 보았다. 이렇게 박물관은 아이들에게 살아 있는 과학 지식을 체험하게 한다.

아이들은 타고난 과학자다. 아이들은 사물이 어떻게 작동하는지, 세상이 어떻게 돌아가는지 알고 싶어 한다. 부모의 역할은 아이들의 호기심을 최대한 살려주는 것이다. 과학을 어렵게만 생각하지 말고 집에서 당장 실천할 수 있는 것으로 실험해보자. 집에서 가까운 박물관에 가서 아이들이 자유롭게 탐구하고 경험하도록 하자. 그러면 아이는 과학에 대한 흥미를 지속해서 발전시킬 것이다.

"박물관 방문은 우리 삶의 아름다움, 진실, 의미를 찾는 것입니다. 가능한 한 자주 박물관에 가십시오."

—마이라 칼만(미국 작가)

06
국기 놀이

우리는 국기로 놀아요

"국기는 그 나라를 알리는 중요한 역할을 합니다. 다양한 색깔과 디자인은 각 나라의 정체성을 나타냅니다. 각 나라가 추구하는 가치, 종교, 역사를 보여줍니다. 국기는 그 나라를 대표하는 상징이며 특정 메시지를 수반합니다."

미국 캘리포니아 채프먼 대학교의 카렘 교수가 한 말이다. 한 나라의 국기에 이렇게 많은 의미가 담겨 있다니 그저 놀라울 따름이다. 이렇게 국기는 각 나라의 권위와 존엄성을 나타낸다. 그 나라의 역사, 전통, 이상을 배울 수 있는 지표다. 국기에 쓰인 빛깔과 모양에는 그 나라의 정보가 들어 있다. 종교와 자연, 추구하는 가치 등을 보여주는 것이다. 이런 국기에 대해 아이들과 함께 놀면서 공부하면 어떤 점이 좋을까? 내가 아이들과 함께 국기를 3년간 공부하면서 느낀 점을 크게 세 가지로 추려보았다.

① '역사'를 자연스럽게 알 수 있다

전남교육정책연구소에서 초중고 학생들에게 '가장 어려운 과목'이 무엇인지 설문조사를 한 적이 있다. 총 141개 학교와 6,867명의 학생이 참여한 이 조사에서 학생들이 가장 힘들어하는 과목 1위는 '사회'로 나왔다. 많은 과목 중 왜 사회가 1위를 차지했을까? 사회란 과목은 역사나 지리 같은 광범위한 영역을 다루기 때문이다. 각 학년에 따라 배우는 내용도 판이하다. 평소 쉽게 접하지 않은 분야라 더 힘들게 느껴지는 것이다.

이렇게 학교에서 교과서로 배우는 사회는 어렵기만 하다. 하지만 집에서 엄마와 함께 배워보면 어떨까? 집에서 놀면서 사회를 배우기에 좋은 도구가 바로 '국기'다.

국기는 사회 과목 중 '세계사'를 배우기에 좋다. 국기 안에는 그 나라의 역사가 담겨 있기 때문이다. 국기의 패턴과 문양만으로도 한 나라의 역사를 알 수 있다. 우리 아이들이 가장 좋아하는 국기는 빨강, 파랑, 하얀색으로 이루어져 있는 영국 국기다. 잉글랜드, 스코틀랜드, 아일랜드의 십자가를 조합한 것으로 '유니언 잭'이라고도 부른다. 영국의 지배를 받았던 호주, 뉴질랜드, 피지 등 28개의 영토에서도 이 문양을 자신의 국기에 사용했다. 국기만 보더라도 영국의 식민지였다는 사실을 알 수 있다. 아이들은 여러 국기 중 유니언 잭을 찾으며 영국 제국주의에 대해 배웠다.

② 그 나라의 정보를 읽으며 '지식'과 '상식'이 생긴다

국기에 나와 있는 그림과 색깔로 그 나라에 대해 배울 수 있다. 우리 아이들은 많은 국기 중 먼저 캐나다 국기에 관심을 보였다. "왜 국기에 단풍잎 하나만 있어요?" 아이들이 질문했다. 나는 아이들과 함께 국기 도감을 읽었다. 중앙에 있는 빨간 단풍잎은 캐나다의 상징인 단풍나무를 뜻한다. 단풍잎은 19세기부터 캐나다인들이 가장 사랑하는 상징물이다. 게다가 캐나다 국기로 자연환경을 알 수 있다. 국기 양쪽의 빨간색은 태평양과 대서양을 뜻한다. 캐나다가 이 두 바다 사이에 있음을 나타내는 것이다.

또 종교도 알 수 있다. 십자가가 들어간 나라는 기독교 국가임을 나타낸다. 자신의 나라 국기에 십자가를 넣어 정체성을 밝힌 것이다. 스위스를 비롯해 스웨덴, 노르웨이 등 50개 이상의 나라가 십자가 문양을 썼다.

초승달과 별 문양은 이슬람 국가들을 상징한다. 달은 오스만제국의 상징물이다. 오스만제국은 600년 넘게 이슬람 국가들을 지배했다. 말레이시아와 터키 등 모두 19개의 나라가 초승달과 별을 사용했다.

이스라엘 국기는 자신들이 유대교임을 나타내고 있다. 6개의 뿔이 달린 중앙의 별, 이것은 유대교의 상징인 '다윗의 별'이다. 이스라엘에서 가장 유명한 다윗 왕의 방패를 상징한다.

③ '세계'를 배울 수 있다

국기를 보면 각 나라의 특징을 알 수 있다. 여러 주와 도시의 통합을 의미하기도 한다. 대표적으로 미국의 성조기가 그렇다. 파란 바탕에 하얀 별은 미국을 구성하는 50개의 주를 상징한다. 주가 추가되면 국기의 모습이 바뀌는 것이 흥미롭다.

아랍에미리트연방은 7개의 에미리트 연합국이다. 빨강, 초록, 하양, 검정의 네 가지 색깔은 이슬람교의 국기에서 공통으로 쓰이는 것이다. 각 연방의 대표적인 색깔로 국기를 만든 것이다.

이렇게 장점이 많은 국기 공부. 실제로 아이들과 어떻게 하면 좋을까? 내가 아이들과 직접 공부하는 방법 세 가지를 소개해보겠다.

① 국기로 게임을 한다

아이들과 함께 비슷한 국기끼리 모아본다. 세 가지 색깔로 이루어진 삼색기를 찾아본다. 보통 유럽 국가가 삼색 국기를 쓴다. 또 같은 색이지만, 다른 방향인 국기도 찾아본다. 예를 들어 하양, 파랑, 빨강이 공통으로 쓰인 국기가 있다. 이 삼색이 세로로 구성되어 있으면 프랑스 국기, 가로로 되어 있으면 러시아 국기다. 같은 색이지만 구성 방향이 달라지면 서로 다른 국기가 되는 것이다. 차이점을 구분하는 것만으로도 재미있는 게임이 된다.

국기에 그려진 특별한 문양 찾기 게임을 한다. 국기 안에는 아이들이 흥미로워하는 다양한 문양들이 많다. 독수리, 용, 칼을 든 사자, 초록 나무 등이다. "엄마, 왜 알바니아 국기에는 독수리 머리가 2개예요?" 아이들이 질문했다. 나와 아이들은 국기 사전을 찾아봤다. 그 이유는 알바니아가 동양과 서양 사이에 있기 때문이라고 한다.

수도의 이름과 매칭하는 놀이를 해도 좋다. 나라와 수도 이름이 같은 곳을 찾는 것이다. 이렇게 나라 이름과 수도를 맞히다 보면 어느새 세계 여러 나라가 친숙해진다.

국기 사전으로 게임을 한다. 가위바위보로 이긴 사람이 눈을 감고 사전 아무 곳이나 펼친다. 거기 나오는 나라 이름을 읽어본다. 이렇게 하면 평소 접하지 못한 낯선 나라를 만날 수 있다. 눈을 감고 가위바위보로 국기 사전을 펼치면 흥미진진한 게임이 된다. 아이들은 게임으로 배운 나라는 절대 잊어버리지 않았다.

② 나만의 국기를 그려본다

자신이 좋아하는 나라의 국기를 그려본다. 국기의 색과 문양을 관찰하면서 그린다. 이렇게 하면 각 나라의 차이점과 공통점을 잘 알게 된다. 사물을 보는 관찰력도 좋아진다. 나는 아이들이 직접 그린 국기를 거실에 전시해놓았다. 자신이 만든 국기를 보며 아이들은 자랑스러워했다.

③ 잠들기 전 국기 수수께끼 시간

"초록 바탕에 하얀색 칼이 있는 나라는 어디일까요?"

"글쎄, 칼 그림이 있는 국기를 본 것도 같은데. 엄마는 잘 모르겠네."

"아이참, 그것도 몰라요? 바로 사우디아라비아잖아요."

잠들기 전 아이들과 내가 함께 하는 국기 수수께끼 놀이다. 잠자리에 든 아이들이 책을 다 읽고도 잠자기 아쉬워할 때가 있다. 그럴 때마다 나는 국기로 수수께끼를 냈다. 국기의 특징이나 색깔을 설명했다. 서로 역할을 바꿔서도 해봤다. 내가 답을 맞혀야 할 때 쓰는 방법은 모른 척하며 틀리기. 엄마가 못 맞히면 아이들은 더 신나 한다. 이렇게 아이들은 자신이 아는 국기 모양을 설명하고 놀다가 잠이 들었다. 이 게임으로 아이들은 제법 많은 국기를 구분했다.

이처럼 국기로 놀듯이 공부하면 얻는 이익이 많다. 국기와 친숙해질 때 아이들은 자연스럽게 세계를 배운다. 다양한 세상을 만나게 된다. 그 나라에 대한 역사와 정보를 배운다. 사회 과목을 억지로 공부하기보다 엄마와 함께 국기로 놀아보면 어떨까. 그러면 멀리 있는 다른 나라가 훨씬 가깝게 느껴질 것이다.

"국기는 위대한 사람들의 경험이다. 그것이 의미하는 것은
사람들의 삶이다. 깃발은 역사의 구체화이다."

─우드로 윌슨(미국 28대 대통령)

07

지도 놀이

"지도 그리는 게 제일 재밌어요."

하얀 백지에 우리나라 지도를 손으로 쓱쓱 그리는 아이. 대한민국의 25개 시와 127여 개의 군을 혼자서 정확히 그려냈다. 2년 동안 종일 지도만 그렸다는 이 아이는 누구일까? 바로 2017년 SBS 〈영재 발굴단〉에 출연한 열 살 홍민기 군이다. 이 아이는 지도를 그릴 뿐만 아니라 그 지도로 우리나라 역사 공부까지 스스로 한다.

"아이의 눈에 보이는 현실적인 세계부터 아이의 눈에 보이지 않는

넓은 세계와 시공을 넘어선 세계까지 폭넓은 지식을 제공하는 것, 그 중심축이 바로 지도입니다."

《거실공부의 마법》의 저자인 일본 교육 전문가 오가와 다이스케의 말이다. 지도는 우리가 사는 세계의 정보를 도식화하여 한눈에 보여준다. 그 세계에서 내가 속한 곳을 찾는 게 지도 보기의 묘미다.

지도의 종류는 다양하다. 세계지도, 우리나라 지도, 도시 지도, 항공 노선도, 지하철 노선도, 도로 지도, 심지어 동물원의 가이드 지도까지. 이렇게 지도는 누구나 쉽게 접할 수 있다. 한편 지도를 보면 각 도시의 위치, 위도, 시간 등 많은 정보를 알 수 있다.

지도는 통합적 사고를 키우기에 최적의 수단이다. 지도를 보며 지리적 감각과 공간적 감각을 높일 수 있기 때문이다. 내가 사는 공간을 뛰어넘어 다른 세계까지 시야가 확장된다. 지도의 지명으로 역사 공부도 할 수 있고 지도의 기호를 읽으며 관찰력도 기를 수 있다.

지도는 생각보다 훨씬 더 신비롭고 다양하며 재미있는 곳이 많다는 사실을 알려준다. 지도는 다양한 정보를 담을 수 있는 만능 도구다. 이런 지도를 아이들과 함께 공부하면 어떤 점이 좋을까? 내가 아이들과 3년 동안 공부하면서 느낀 점은 크게 네 가지다.

① 사회가 원하는 통합형 인재로 키울 수 있다

2015년 교육부에서 수능 개편안을 발표했다. 2021년부터 적용되는 개정안의 핵심은 문·이과 폐지다. 대신 수능 과목에 통합사회와 통합과학을 신설하기로 했다. 이는 학생들의 '인문·과학 지식에 대한 이해를 높여 융합적 사고력을 기르고, 실생활과 연관된 문제 해결력을 키우는 교육'을 목표로 한다. 다른 말로 'STEAM(Science, Technology, Engineering, Arts, Mathematics)' 교육이라고 한다. 21세기를 주도하는 창의적이고 융·복합적 사고를 하는 인재를 키우려는 정부의 방침이다. 교육뿐만 아니라 회사 인재상도 바뀌는 추세다. 2018년 인사혁신처에서 발표한 채용 공고도 같은 맥락이다. 사회통합형 인재 채용! 그렇다면 어떻게 해야 통합형 인재가 될 수 있을까?

통합적 사고를 기르기 위해서 내셔널 지오그래픽의 교육부에서는 지도 공부를 추천한다. 지도를 보며 각 정보를 취합하는 능력, 그리고 장소와 공간에 대한 이해와 분석력은 통합적 사고를 기르기에 더없이 좋기 때문이다.

4차산업혁명 시대의 키워드는 창의력이다. 주어진 정보를 가지고 변형하고 조합해 문제를 해결하는 인재, 주도적으로 대처하는 통합적 사고능력을 가진 인재를 필요로 한다. 지도는 통합적 인재양성에 가장 기본이 되는 도구다.

미래 사회는 창의융합형 인재를 요구한다. 대표적 인물로 애플의 창업주 스티브 잡스가 있다. 그는 자신의 발명품으로 현대 문명을 바꿔놓았다. 스마트폰을 처음으로 발명하고 새로운 지식을 창조했다. 그는 다양한 지식을 융합해 새로운 가치를 창출한 것이다. 우리나라 교육부에서도 이런 미래 인재를 키우려고 한다. 바로 '인문학적 상상력'과 '과학기술 창조력'을 갖춘 사람을 키우려는 것이다.

② 공간 감각을 기를 수 있다

지도를 공부하다 보면 공간지각도 함께 형성된다. 공간지각이란 상하, 좌우, 전후의 공간 관계를 파악하는 것이다. 평면의 지도를 보면서 입체적인 생각과 상상을 하게 되는데 이때 생기는 능력이다.

인간의 지능은 크게 언어 논리와 시공간적 능력 두 가지로 구분한다. 특히 공간지각 능력은 어려서부터 발달하는 핵심 지능 중 하나다.

이 공간 감각은 눈에 보이지 않는 것을 형상화하는(visualize) 능력이다. 전자, 기계, IT, 공학 등 이공계 분야에서 유용하다. 각종 기계, 도구나 데이터를 다루고 분석하며 설계하는 데 필요한 지식이다. 이 공간지각 능력은 실제 업무 성과와 높은 상관관계를 보인다. 그래서 많은 회사가 직업적성 검사에서 중점적으로 다루고 있는 능력이다.

③ 역사를 공부할 수 있다

지도는 사회 과목의 좋은 바탕이 된다. 사회는 '살아가는 데 필요한 힘'을 기르는 과목이다. 또한 '인간의 삶과 지리학적 지식을 연관'지어 배우는 과목이다. 우리 아이들은 지도로 지리와 역사에 흥미를 느꼈다. 아이들은 이순신 장군 이야기를 좋아했다. 적은 수의 군사로 일본군을 무찌른 학익진 전투를 책에서 반복해 보았다. 나는 아이들과 함께 지도에서 한산도 대첩이 일어난 장소를 찾아보았다. 우리는 한산도가 경상남도 통영시에 있음을 알게 되었다. 아이들은 나중에 이 장소에 꼭 가보고 싶다고 했다. 지도를 보며 눈으로 확인하니 역사를 더 좋아하게 되었다.

④ 관찰력이 향상된다

지도의 그림 기호를 보는 것도 아이들의 관찰력을 기르는 데 좋다. 각 기호가 뜻하는 의미를 읽고 필요한 정보를 얻을 수 있기 때문이다. 지도에는 수많은 정보를 간략한 기호로 표기해두었다. 눈으로 기호를 보고 정보를 얻는다. 세계지도에서 산, 강, 산맥 등의 자연 기호를 읽을 수도 있다.

얼마 전 아이들과 동물원에 다녀왔다. 아이들은 입구에 있는 동물원 가이드 지도를 가져왔다. 스스로 지도를 보더니 사자가 있는 곳으로 가자고 했다. 한 손에 지도를 들고 스스로 길을 찾는 아이들의 모습에 괜히 웃음이 나왔다.

지난 3년간 아이들과 함께 지도를 공부하면서 느낀 실전 활용 팁을 간추려보았다.

〈지도 활용 실전 팁〉

• **지도 구입**

두 가지를 추천한다. 벽에 붙이는 학습용 지도, 그리고 여행할 때 가지고 다니는 휴대용 지도다. 집에서 쓰는 지도는 코팅이 된 라미네이트 재질이 좋다. 아이들이 글씨나 그림을 그려도 쉽게 상하지 않기 때문이다. 휴대용 지도는 '에이든 여행지도'를 추천한다. 튼튼한 재질의 종이에 방수 처리가 되어 있어서다. 우리는 다른 지역으로 여행 갈 때 늘 휴대용 지도를 가지고 다닌다.

a. 지도 놀이

인터넷에서 백지도를 내려받아 프린트한다. 백지도란 글자가 쓰여 있지 않은 작업용 기본도이다. 텅 비어 있는 공간에 아이들은 자기가 원하는 색깔로 지도를 색칠한다. 또 우리가 사는 동네가 어디에 있는지 찾기 놀이를 한다. 방문했던 도시들도 찾아서 그려 넣는다. 이렇게 하면 아이의 지리 지식은 높아질 수밖에 없다.

퍼즐로 이루어진 지도도 있다. 퍼즐을 맞추면서 지리적 지식도 얻는다. 놀면서 조각을 맞추다 보면 지리가 자연스레 머릿속에 남는다.

동네 지도를 인쇄한다. 지도에 아이와 자주 가는 마트나 유치원, 친구네 집으로 가는 길을 표시한다. 자주 가는 곳에 스티커도 붙이고 그림도 그려본다. 나만의 지도를 만드는 것은 지도와 친숙해지는 방법이다.

지도 위에서 다트 놀이를 하는 것도 좋다. 튼튼한 지도 속 가고 싶은 지역에 화살을 던지는 것이다. 우리는 플라스틱 액자에 지도를 넣고 고무 다트를 던지며 논다. 원하는 목적지를 다트로 맞추는 즐거움과 지역을 아는 정보가 쌓여서 좋다.

b. 구글맵 활용

아이와 함께 디지털 지도인 구글 지도도 같이 찾는다.

우리 가족은 가평을 가기로 했다. 평소 아이들은 엄마 아빠를 따라서 무작정 목적지로 가곤 했다. 하지만 이번에는 떠나기 전에 에이든 여행지도를 먼저 펼쳤다. 아이들과 함께 목적지인 가평을 찾아보았다. 지도에는 '아침고요수목원'과 '닭갈비'가 가평군의 명물이라고 나와 있었다. 아이들은 가평에서 수목원을 구경하고 닭갈비를 맛볼 생각에 출발 전부터 설레어 했다. 구글맵에서도 가평을 찾아보았다. 생생한 사진과 360도 스트리트 뷰가 환상적이었다. 모니터 화면에서 가상으로 아이들이 원하는 방향으로 가보았다. 덕분에 실제로 그곳에 있는 듯한 느낌을 받았다.

지도에서 미리 공부한 가평에 실제로 방문하는 것은 아이들에게도 색다른 체험이었다. 지도에서 미리 본 곳을 여행하니 더 즐거워했다.

이렇게 지도로 아이들과 함께 놀아보자. 지도를 읽으며 보물찾기 하듯 새로운 곳을 발견해보자. 지도로 놀다 보면 아이들은 지도의 매력에 빠질 것이다. 이 즐거움으로 추상적 사고능력과 세계를 보는 관점을 기를 수 있다. 또한 공간에 대한 이해와 지리적 감각을 높일 수 있다. 그러면 우리 아이들은 인공지능 시대에 AI가 대체하지 못하는 사람이 될 것이다.

"지도로 관점을 넓힐 줄 아는 아이는 자신을 객관적으로
바라보는 힘도 갖추게 됩니다. 시야를 넓히고 추상적 사고능력을
연마하는 데 있어 지도만큼 적합한 도구는 없습니다."

―오가와 다이스케(일본 교육 전문가)

08

음악 놀이

아이의 창의력을 키워주는 음악 놀이

"이 음악의 이름은 무엇일까요?"

"잘 모르겠어요. 힌트 좀 주세요."

"악기가 꼭 새 울음소리 같지?"

"아! 뻐꾸기예요."

"딩동댕."

내가 아침마다 아이들에게 내는 수수께끼다. 나는 아침이면 항상 음악을 튼다. 주로 클래식인 경우가 많다. 아이들이 네 살 때까지는 단순히 집 안에 음악이 흐르게만 틀어놓았다. 클래식 음악 흘려듣기를 한 것이다. 하지만 다섯 살부터는 음악으로 다양한 수수께끼 놀이를 시작했다. 아이들이 음악과 친해지길 바라는 마음에서였다.

우리 아이들은 엄마 배 속에서부터 음악을 들었다. 나는 미국 대학원에서 피아니스트 스태프로 6년 동안 일했다. 직함은 대학 소속 전문 피아노 반주자. 나는 학교 입학·졸업식 반주, 대학·대학원생의 성악 수업 반주, 실기시험 반주, 음악과 연주회·졸업연주 반주, 합창·합주 수업을 반주했다. 학교에서 필요한 모든 피아노 반주를 한 셈이다.

나는 대학원에서 공부하는 학생인 동시에 스태프로 일했다. 아이들을 임신한 상태에서도 계속 음악 활동을 했다. 학교 안의 다양한 학생들과 교수님을 만나는 음악 활동은 내 삶의 활력소였다. 이렇게 아이들은 엄마 배 속에서부터 음악을 자연스럽게 듣기 시작했다. 그리고 아이들은 지금까지 음악 듣기 활동을 이어가고 있다.

그렇다면 내가 이렇게 아이의 음악 듣기에 공들이는 이유는 무엇일까? 바로 음악이 주는 선물 때문이다. 아이가 음악과 친해지면 많은 장점이 있다. 음악은 아이의 집중력, 정신력, 두뇌 발달, 자제력, 창의력, 자신감, 감수성, 자부심, 상상력 등을 키워준다.

2018년 7월, 하버드 대학 메디컬팀에서 음악이 두뇌에 끼치는 영향을 설명했다. 뇌 전문 의사들은 클래식 음악 감상이 뇌를 골고루 자극한다고 발표했다. 클래식 음악이 좌뇌는 논리적으로 발달시키고,

우뇌는 창의적으로 살아나게 한다고 했다.

아이가 음악을 꾸준히 들으면 어떤 점이 좋을까? 첫째, 행복한 아이가 된다. 음악을 들을 때 뇌에서 기쁨의 호르몬인 도파민이 대량 분비되기 때문이다. 둘째, 잠을 잘 자게 된다. 뇌 안에서 잠을 부르는 세로토닌 호르몬이 분비되기 때문이다. 셋째, 기억력이 좋아진다. 꾸준히 음악을 들으면 '백질'이라는 뇌 신경 다발이 견고해진다. 백질은 정보가 지나는 신경 회로망으로 여러 기관이 정보를 교환하는 곳이다. 넷째, 음악은 아이의 정서와 감정을 풍부하게 해주고 스트레스를 줄여준다. 옥시토신이라 불리는 신경호르몬이 활발히 분비되어 마음을 편안하게 해주기 때문이다. 다섯째, 운동 기능을 발달시키고, 활력을 높여준다. 소리를 들으면 귀에 있는 청각 세포가 자극을 받는데, 이는 운동 세포와 연결된다. 자동차 경적을 들으면 본능적으로 몸을 피하게 되는 것과 마찬가지 이치다.

그럼 이렇게 좋은 점이 많은 음악과 우리 아이들을 어떻게 하면 친해지게 할 수 있을까? 내가 6년 동안 경험해본, 도움이 될 만한 방법을 세 가지로 추려보았다.

① 음악 듣기

2015년 쇼팽 국제 피아노 콩쿠르에서 우승한 피아니스트 조성진.

그의 어머니는 아들이 어릴 때부터 음악을 많이 들려주었다고 한다. 음악 신동은 태어날 때부터 정해진 것이 아니다. 그보다 어렸을 때부터 꾸준하게 음악을 접했던 사람이 음악을 잘하고 좋아할 가능성이 크다.

만약 아이가 음악을 듣기 싫어하면 어떻게 할까? 아이들이 좋아하는 것과 음악의 접점을 찾아보자. 그래서 아이들의 눈높이에 맞는 동물이 들어간 클래식 음악부터 시작하길 추천한다. 첫째, 스웨덴 작곡가인 요나손의 〈뻐꾸기 왈츠〉. 이 곡은 아이들을 클래식 음악에 입문시키는 데 좋다. 오케스트라 연주와 피아노 연주 등 다양한 버전이 있는데, 그중 오케스트라 버전을 들려주길 권한다. 새소리와 비슷한 목관악기인 클라리넷이 뻐꾸기의 울음소리를 표현하기 때문이다. 아이들은 맑고 청아한 목관악기가 뻐꾸기를 표현하는 부분을 집중해서 듣는다. 정말 새소리가 들린다며 신기해한다.

둘째, 러시아 작곡가인 림스키코르사코프의 〈왕벌의 비행〉. 이 곡을 들으면 벌이 붕붕거리며 나는 모습이 저절로 상상된다. 이 음악을 들으며 연주 영상도 함께 보길 추천한다. 피아노나 오케스트라 주자의 현란한 손놀림 덕분에 관람하는 재미까지 있다. 듣기와 동시에 영상을 보기. 청각과 시각을 동시에 자극하면 유아의 뇌 발달에 좋다. 두 가지 감각을 같이 사용하면 두뇌를 골고루 자극해 뇌 발달이 효과적으로 이루어지기 때문이다.

셋째, 러시아 작곡가 프로코피예프의 〈피터와 늑대〉. 피터가 늑대를 만나는 여정을 다룬 음악 동화인데, 여러 악기 소리가 다양한 동물의 캐릭터를 표현하면서 전개된다. 영상과 함께 이 작품을 본다면 아이들의 흥미를 끌 것이다.

마지막으로 프랑스 작곡가인 생상스의 〈동물의 사육제〉를 추천한다. 이 음악은 열네 개의 곡으로 각 동물을 묘사했다. 그중에서 열세 번째 곡 '백조'가 대중에게 특히 알려졌다. 물 위를 평화롭게 떠다니는 청아한 백조의 모습을 첼로 연주로 묘사해놓았는데 아이들도 무척 좋아한다.

② 다양한 악기를 접해보고 탐색해보기

미국에 살 때 우리 가족은 학교 기숙사 아파트에서 지냈다. 나는 아이들과 함께 학교 캠퍼스로 자주 놀러 나갔다. 우리가 방문하던 곳 중 하나인 음악관에는 다양한 악기가 있었다. 그랜드 피아노와 타악기 마림바, 큰 북, 마라카스와 카혼 등 여러 악기가 아이들의 관심을 끌었다. 아이들은 악기를 만지고 탐색하며 다양한 소리를 들었다. 악기 놀이는 촉각과 청각을 자극했을 터였다. 이렇게 아이들은 악기의 재미를 느끼며 음악을 접했다.

그리고 동네 문화센터에서 주관하는 유아 악기 체험전에 참여했다. 거기서 클라리넷을 불어보고, 악기 중 제일 커다란 콘트라베이스 소리도 내보았다. 이렇게 악기들을 직접 만져보고, 그것이 내는 소리도 들었다. 악기가 재미있고 흥미롭다는 것을 경험하는 기회였다.

또한 집에는 우쿨렐레, 피아노, 바이올린, 하모니카가 있다. 이렇게 다양한 악기를 접해보는 것은 아이들의 흥미를 자극하는 데 좋다. 나는 아이들과 함께 집에 있는 피아노의 뚜껑을 열어보고 탐색해보았다. 피아노 속 해머를 만져보고, 현을 튕겨보았다. 세 개의 페달도 밟아보고, 각각의 페달을 밟았을 때 소리가 달라지는 것도 경험했다. 그리고 우쿨렐레 현을 튕기며 소리를 들어보았다. 우쿨렐레 나무통을 손으로 가볍게 쳤을 때 나는 경쾌한 소리도 들었다.

이렇게 다양한 악기를 만지고 두드리고 소리를 들어보는 것 자체가 아이들에게 재미있는 놀이가 된다.

③ 악기 만들기

나와 아이들은 집에 있는 소품을 이용해 간단한 악기를 만들었다. 첫 번째로 마라카스를 만들었다. 마라카스는 타악기의 일종으로 악기를 흔들면 소리가 난다. 먼저 우리는 플라스틱 빈 통에 콩을 5분의 1 정도 채웠다. 다양한 종류의 콩 중 자기가 좋아하는 색깔의 콩을 통에 넣었다. 뚜껑을 잘 닫고 흔들면 통 안의 콩들이 가볍고 경쾌한 소리를 냈다. 알록달록한 콩 마라카스는 아이들도 손쉽게 만들 수 있는 악기다.

두 번째로 만든 것은 유리컵 실로폰이었다. 우리는 먼저 여러 개의 유리잔을 준비했다. 각각의 잔에 높이를 달리해 물을 채우고 젓가락으로 두드렸다. 물에 아이들이 좋아하는 색깔의 물감도 풀었다. 아이들이 직접 만든 컵 실로폰. 물의 높낮이가 달라짐에 따라 소리의 높낮이도 달라졌다. 아이들과 함께 〈나비야〉 동요도 연주했다. 물컵이 악기가 된다는 사실에 아이들은 신이 났다.

팬플루트가 세 번째로 만든 악기였다. 통이 큰 빨대를 각각 다른 길이로 잘라서 나무 지지대에 붙여주면 완성. 서로 다른 길이의 빨대를 불어 계이름 맞히기 놀이도 했다.

네 번째 악기는 냄비로 만든 북이었다. 집에 있는 냄비를 모두 꺼내서 두드려보는 것도 좋은 타악기 체험이 될 수 있다. 크기에 따라 달라지는 소리를 비교하며 두드리면 아이들이 좋아했다.

마지막으로 우리나라 전통 악기인 호드기를 만들어보았다. 호드기는 버드나무 줄기로 만든 버들피리다. 봄에 물오른 나뭇가지 껍질을 까서 불면 피리 소리가 나는데, 생각 외로 큰 소리가 나서 아이들이 깔깔대며 즐거워했다.

이렇게 아이가 음악과 친해질 수 있는 다양한 환경을 조성해보자. 아이가 음악을 좋아하고 즐기면 후에 어떤 악기를 접해도 몰두해서 잘할 수 있다. 왜냐하면 아이는 이미 음악에 친숙하기 때문이다. 집에서 쉽게 할 수 있는 음악 듣기부터 시작해보자. 음악이 있는 삶을 경험한 아이는 감성과 지식이 조화롭게 발달하게 된다. 이는 아이가 살아가면서 음악의 힘을 느끼게 하는 데 큰 역할을 할 것이다. 음악을

즐기는 여유를 가진 아이가 되는 것, 이것은 엄마의 작은 행동에서 시
작된다.

"음악은 인간의 마음속에 존재하는 위대한 가능성을
인간에게 보여준다."

—랄프 왈도 에머슨(미국 시인)

09

미술 놀이

나뭇잎, 조개껍데기는 스케치북

"아이들을 자유롭게 해주세요.

아이들을 격려해주세요.

비가 올 때면 아이들이 뛰어놀게 해주세요.

물웅덩이를 만나면 신발을 벗고 놀게 해주세요.

이슬에 젖은 풀밭에서 맨발로 뛰어놀게 해주세요.

나무 그늘에서 평화롭게 쉬고 낮잠을 잘 수 있게 해주세요.

아침 햇살이 비치면 마음껏 웃고 소리치게 해주세요."

내가 좋아하는 마리아 몬테소리의 말이다. 이걸 보면서 내 어린 시절을 생각해보았다. 나는 늘 자연 속에서 놀기 좋아했다. 집 마당에 피어 있는 맨드라미를 가만히 앉아서 보는 걸 즐겼다. 빨간 맨드라미의 특이한 꽃송이를 보며 바닷속 산호를 떠올리기도 하고, 닭 벼을 상상하기도 했다.

또 마당에서 알알이 익어가는 포도알을 한참 동안 바라보기도 했다. 처음에는 작고 여린 포도 꽃이 시간이 지나면 통통하게 영글어갔다. 포도알을 보며 자연의 위대함을 느꼈다. 나는 자연이 주는 삶의 충만함을 일찍 깨우친 것 같다. 그렇게 자연은 나의 상상력을 넓히고 삶의 에너지를 불어넣었다.

우리 아이들도 자연을 누리게 해주고 싶었다. 자연과 친해지도록 도와주고 싶었다. 아이들과 나한테는 자연에서 놀 만한 아이디어가 무궁무진했다. 우리는 자연에서 여러 가지 활동을 했다. 그 활동 가운데 대부분은 자연을 활용한 미술 놀이였다. 그렇게 나는 자연과 함께 아이들을 키웠다.

자연 미술 놀이란 무엇일까? 아이들이 자연 속 재료로 만들거나 그리는 창의적인 활동을 말한다. 나는 미술 놀이란 자고로 쉬워야 한다고 생각했다. 아이들이 언제 어디서나 쉽게 시작하고, 준비하는 엄마도 간편해야 했다. 시작 전부터 준비물이 많고 뒷정리가 힘든 활동은 엄마가 쉽게 지치기 마련이다. 자연 미술 놀이는 금방 시작할 수 있고 정리도 쉽다는 장점이 있다.

2015년 12월, EBS 〈부모〉에서 전성수 아동미술교육 전문가는 이렇게 말했다.

"엄마가 집에서 놀이와 결합하여 아이와 놀아주고 또 애착을 형성하면서 미술을 시키는 게 가장 좋습니다."

내가 아이들과 같이 했던, 특히 아이들의 반응이 좋았던 다섯 가지의 미술 놀이를 소개해보겠다.

① 조개껍데기를 활용한 나만의 갯벌 만들기

우리 가족은 지난여름 서해안 갯벌 체험을 다녀왔다. 거기서 아이들은 동죽조개라는 반들반들한 하얀색 조개를 캤다. 보물을 찾듯이 조개를 캐는 것은 아이들에게 흥미로운 일이었다. 집에 가져온 조개를 오랫동안 해감했다.

"엄마, 왜 잡은 조개를 다시 물에 넣어요?"

"조개가 진흙에 살면서 삼켰던 흙을 토해내야 하거든. 그것을 기다리는 과정을 해감이라고 해."

아이들은 조개가 진흙을 다 뱉었는지 관찰했다. 3시간의 해감 후 조개를 삶았다. 우리는 함께 조갯살을 분리했다. 그러고 나서 남은 껍데기를 버리려던 순간, "엄마, 조개껍데기가 너무 예뻐요. 버리기에 아까운 것 같아요" 하고 아이가 말했다.

정말 그랬다. 우리가 주워 온 동죽조개는 비록 껍데기만 남았지만, 반들반들 윤이 나고 예뻤다. '이 조개껍데기를 가지고 아이들과 어떻게 놀 수 있을까?' 고민했다.

"조개에 물감으로 색칠하면 예쁠 것 같아요."

아이들은 여러 가지 색의 물감과 사인펜을 가지고 왔다. 자기가 잡은 조개껍데기에 색칠하고 그림을 그리며 몰두했다. 그리고 찰흙을 가져와 우리가 다녀온 갯벌을 만들었다. 큰 접시에 찰흙을 깔고, 거기에 조개를 심었다. 정말 조개가 사는 갯벌이 되었다.

"엄마 갯벌에 조개 말고 또 뭐가 살아요?"

나는 갯벌에 관한 책을 읽어주었다. 갯벌이 무엇인지, 무엇이 살고 있는지에 대해. 그렇게 아이들은 조개를 가지고 놀면서 자연을 배웠다.

② 나뭇잎 곤충 만들기

미국에 살 때 우리 집 주변에는 나무가 정말 많았다. 다양한 나무만큼 잎사귀 모양도 천차만별이었다. 나와 아이들은 산책하면서 예쁜 나뭇잎 찾기 게임을 했다. 아이들은 마음에 드는 나뭇잎을 가져왔다. 둥글고 뾰족한, 가지각색의 재미있는 모양의 나뭇잎들. 넓적한 이파리에 물감으로 색칠하는 것만으로도 아이들에게 좋은 놀이였다. 또 나뭇잎을 종이에 붙이고 다리와 눈을 그려 곤충을 만들었다. 눈동자를 붙였더니 더 생동감이 느껴졌다.

이렇게 나뭇잎을 모으다 아이가 뾰족한 바늘잎을 가져왔다.

"엄마, 이건 바늘이 두 개인데요, 어떤 건 바늘이 다섯 개예요. 왜 다른 거예요?"

어렸을 때 배워 기억이 희미했기 때문에 아이와 함께 《식물 도감》을 찾아보았다. 잎이 두 개면 소나무, 다섯 개면 잣나무임을 알았다. 이렇게 아이와 놀면서 나도 자연을 배웠다.

③ 나만의 벚나무 만들기

우리 가족이 살던 학교 캠퍼스는 4월이면 벚꽃이 흐드러지게 만개했다. 벚꽃 나무가 군락을 이루어 꽃을 피우면 얼마나 아름다운지. 그 벚꽃이 하늘에서 떨어지면 또 얼마나 황홀한지. 나와 아이들은 벚나무 아래서 노는 걸 좋아했다.

아이들과 나는 멋진 벚나무를 표현해보고 싶었다. 우리는 학교 캠퍼스에 떨어진 벚꽃 잎들을 주워 왔다. 그러고는 스케치북에 나무 밑 그림을 그린 뒤 풀을 발랐다. 그리고 아이들과 함께 공중에서 벚꽃을 떨어뜨렸다. 마치 벚꽃이 흩날리는 나무 아래에 있는 것처럼 황홀했다. 아이들은 벚나무를 만드는 내내 무척 즐거워했다.

④ 토끼풀 반지 만들기

한번은 집 근처에서 무더기로 피어 있는 토끼풀을 발견했다. 올망졸망 모여 있는 클로버를 아이들은 그냥 지나치지 못했다. 나는 아이들에게 나폴레옹의 이야기를 들려주었다. 네 잎 클로버를 보려다 적의 총탄을 피했던 나폴레옹. 덕분에 목숨을 건졌고 지금은 네 잎 클로버가 행운의 상징이 되었다는 것. 아이들도 행운의 클로버를 찾고 싶어 했다. 네 잎 클로버를 찾겠다고 풀 속을 이리저리 뛰어다니는 아이들이 꼭 먹이를 찾는 토끼 같았다. 나도 아이들과 네 잎 클로버를 찾으며 즐겁게 놀았다.

또 아이들과 토끼풀 반지를 만들었다. 아이들은 토끼풀 반지를 손에 끼더니 신기해하며 좋아했다. 또 토끼풀 목걸이와 화관도 만들었다. 엄마의 서툰 솜씨에도 아이들은 정말 좋아했다. 풀로 멋진 장신구를 만들 수 있다는 사실 자체만으로도 신기해했다.

⑤ 목련 겨울눈으로 그림 그리기

복슬복슬한 털을 가진 목련 겨울눈. 아이들은 부드럽고 보송한 겨울눈의 감촉을 손으로 느껴보았다. 우리는 바닥에 떨어진 목련 겨울눈을 주워 집으로 가져왔다. 우리는 겨울눈을 붓처럼 활용해보았다. 겨울눈 끝에 물감을 묻혀 종이에 그림을 그렸다. 붓이 아닌 자연적인 재료로 그림을 그린다는 것만으로도 신선했다.

이런 미술 놀이는 아이들에게 어떻게 좋을까? 내가 아이들과 자연 속 미술 놀이를 하며 느낀 장점은 세 가지다.

① 유연한 사고를 하게 된다

아이들을 자연 속에 두면 호기심을 가지고 주변을 탐색한다. 주위에서 흔하게 찾을 수 있는 나뭇가지, 열매, 돌멩이로 아이들과 어떻게 재미있게 놀지 상상해보자. 그림을 그릴 때 종이와 색연필이 필요하다는 고정관념에서 벗어나자. 아이들은 자유롭고 유연하며 창의적인 사고를 배울 것이다.

② 언제 어디서든 할 수 있다

자연은 항상 우리 곁에 있다. 자연 미술 놀이는 시간과 장소에 구애받지 않는다. 바닥에 있는 흙과 물만으로 모래성 쌓기를 할 수 있다. 나뭇가지로 바닥에 그림을 그릴 수도 있다. 종이 위보다 자연에서의 미술 활동은 더 역동적이고 즐겁다.

③ 표현력이 좋아진다

아이가 자신이 경험한 것을 자연 속 재료로 표현하게 도와주자. 이것은 아이의 무한한 상상력과 창의력, 표현력을 샘솟게 할 것이다. 주어진 상황에서 강박적으로 표현하기보다 자연에서 하는 창조 활동은 아이가 자신의 느낌을 자유롭게 표현하도록 돕는다.

문밖 가까이 있는 미술 놀이 재료를 찾아보자. 자연 속 미술 놀이는 아이의 호기심과 창의력을 키워준다. 열린 마음으로 주변을 탐색하면 내 아이에게 맞는 미술 활동과 그 재료를 찾을 수 있다. 자연 속 미술 활동은 아이들을 자유롭고 행복한 사람이 되도록 도와줄 것이다.

"아이들이 정형화된 환경에서보다 자연에서 놀 때,
자신만의 무언가를 발명할 가능성이 훨씬 더 큽니다.
이는 자기 주도적이고 창의적인 성인이 되는 데
핵심적인 요소입니다."

—리처드 루브(미국 작가)

10

자연 놀이

장수풍뎅이, 사슴벌레는 내 친구

"엄마, 내가 뭐 잡았게요?"

"이게 뭐야? 사마귀잖아!"

큰아이는 잡은 곤충을 자랑하며 내 얼굴 앞으로 쑥 내밀었다. 초록색에 다리를 버둥거리는 그 곤충은 자세히 보니 사마귀 성충이었다. 다섯 살이던 첫째는 살아 있는 곤충만 보면 모두 손으로 잡았다. 전혀 징그러워하거나 무서워하지 않았다. 아이는 개미, 잠자리, 소금쟁이, 개구리, 매미, 여치, 메뚜기, 소등에, 파리, 장수하늘소, 대벌레,

자벌레, 노린재, 방아깨비, 공벌레, 무당벌레, 나비, 벌, 장수풍뎅이, 황금 풍뎅이, 참풍뎅이, 사슴벌레, 사슴풍뎅이, 사마귀를 잡았다. 심지어는 바퀴벌레까지 맨손으로 잡곤 했다. 작은아이는 살아 있는 곤충 만지기를 꺼려 했다. 하지만 큰애는 보이는 족족 곤충을 손으로 잡아내니 신기할 따름이었다. 그만큼 자연 속 곤충은 아이에게 친숙했다.

홈스쿨링을 하면서 나와 아이들은 틈만 나면 야외로 나갔다. 에너지 넘치는 아이들이 집에서 머물기보다는 살아 있는 자연을 느끼길 바랐다. 그렇다고 거창하게 멀리 가기보다는 집 근처에서 자연을 탐색했다. 마침 우리 집 근처에 작은 산이 있었다. 40분 정도면 산 정상까지 왕복이 가능했다. 그곳에서 우리는 사계절을 맞았다. 봄에는 진달래 같은 봄꽃을 보고, 여름에는 이슬이 맺힌 거미줄을 보았다. 여름과 가을 사이에는 매미 허물을 채집했으며, 가을에는 떨어진 낙엽을 밟는 소리를 들었다. 겨울에는 아무도 밟지 않은 첫눈에 발자국을 새겼다. 그렇게 나와 아이들은 자연 안에서 노는 법을 터득했다.

아이들은 야외에 나갈 때 항상 돋보기와 관찰 확대경, 청진기, 곤충 채집통, 작은 삽을 가지고 다녔다. 아이들은 돋보기로 무리 지어 가는 개미들을 관찰했다. 더 자세히 관찰하고 싶은 곤충은 확대경 안에 넣어 보았다. 더듬이, 머리, 다리 같은 생김새를 자세히 살펴보았다. 청진기를 나무 몸통에 대어 소리를 들었다. 비가 온 다음 날이면 나무뿌리에서 물을 쭉 빨아올리는 소리를 들었다. 작은 삽으로는 땅을 팠다. 아이들은 땅을 파는 것만으로도 굉장히 즐거워했는데, 작은 벌레를 잡기도 하고 흙놀이도 하며 놀았다.

"야외 공간에서 시간을 보내는 것은 집중력, 자제력, 기억력 및 학업성취도 향상과 관련 있다. 자연은 시간과 공간에 따라 끊임없이 변한다. 이러한 자연은 아이에게 적응력과 도전정신을 요구하며 창의적인 탐험 기회를 제공한다. 정형화되지 않은 야외 공간에서 아이들은 놀이를 통해 문제 해결과 창의성을 자극하는 다양한 의사 결정 기회를 접한다. 이러한 활동은 성공에 필요한 집행 기능을 촉진하고, 향후 학업 성과, 집중력 및 인지 기능을 증가시킬 수 있다."

2016년 9월, 찰스 교수가 과학 학술지에 기고한 글이다. 이렇게 자연에서 시간을 보내는 것은 아이들에게 많은 이점이 있다.

우리 가족은 집 근처 호수공원에서 자주 산책을 했다. 그곳에는 다양한 허브가 많았다. 아이들은 갖가지 허브를 손으로 만지고 냄새를 맡았다. 레몬밤, 바질, 애플민트, 로즈마리, 페퍼민트, 스피아민트. 특히 로즈마리 특유의 향을 좋아했다. 냄새가 좋다며 계속 허브에 코를 가져다 댔다.

우리는 허브를 사서 요리도 했다. 파스타를 만들어 바질 잎을 올리기도 하고, 바질 페스토를 만들기도 했다. 바질 페스토는 맛과 향의

풍미가 좋은 이탈리아 소스다. 바질 잎과 치즈, 올리브유, 마늘을 함께 갈아주면 색깔이 예쁜 초록색 소스가 된다. 이 페스토를 빵에 발라 먹거나 피자나 파스타 소스로 사용하면 근사한 요리가 된다.

또 우리는 산에서 솔방울을 한 아름 주웠다. 솔방울로 천연 가습기를 만들기 위해서였다. 솔방울을 깨끗이 씻고 물을 충분히 빨아들이도록 물속에 하룻밤 담가두었다가 방 안에 놓아두면 가습기 완성. 솔방울 가습기는 만들기도 간단하고, 보기도 좋다.

한여름이 되자 집 주변에 봉숭아가 많이 피었다. 예쁜 색깔의 봉숭아 꽃과 잎을 따서 아이들 손톱에 물을 들여주었다. 봉숭아 꽃잎과 잎을 깨끗이 씻고 수건으로 톡톡 말렸다. 그리고 절구에 색상 유지를 돕는 소금과 함께 넣고 찧었다. 아이들이 잘 때 손톱에 조금씩 덜어 붙인 뒤 비닐 랩으로 돌돌 말았다. 다음 날 손톱이 예쁘게 물든 것을 보고 아이들은 환호했다.

봉숭아 씨앗이 가득 찬 봉오리를 터뜨리는 것도 재미있는 놀이다. 잘 익은 씨앗 봉오리는 손끝으로 살짝만 건드려도 톡 터졌다. 그 느낌이 아주 짜릿했다. 만약 봉오리 안의 씨들이 아직 여물지 않았다면 톡 터지지 않는다. 아이들은 여러 봉오리를 반복해서 터뜨렸다. 나중에는 겉모양만 보고도 봉오리가 잘 여물었는지 아닌지를 알게 되었다.

자연 놀이는 집에서도 할 수 있다. 우리 아이들은 장수풍뎅이와 사슴벌레를 한 쌍씩 사서 집에서 키웠다. 장수풍뎅이는 야행성이라 낮에는 주로 잠을 잔다. 밤이 되면 먹이를 찾으러 흙 밖으로 나온다. 과일이나 곤충 젤리만 주면 쉽게 키울 수 있다. 짝짓기 후 장수풍뎅이는 알을 낳았다. 톱밥의 습도를 잘 관리하면, 알이 유충을 거쳐 성충이 되는 과정까지 관찰할 수 있다.

또 사슴벌레는 멋진 뿔 때문에 아이들이 좋아하는 곤충이다. 역시 먹이만 잘 주면 쉽게 키울 수 있다. 사슴벌레의 생존 기간(1~2년)은 장수풍뎅이(1년 미만)보다 길어 관찰하기 좋다.

여름에는 계곡에서 다슬기와 송사리, 수중 곤충, 미꾸라지를 잡았다. 체를 사용하면 아이들도 다슬기를 쉽게 잡을 수 있다. 아이들은 한참 동안 다슬기를 잡는다고 계곡에서 나오지 않았다. 이렇게 직접 잡은 다슬기를 삶아 먹기도 하고 다슬기탕을 끓여 먹기도 했다.

한번은 아이들과 장수풍뎅이 잡기 작전을 세웠다. 우리는 장수풍뎅이를 유인할 미끼를 만들었다. 장수풍뎅이가 좋아하는 잘 익은 바나나에 식초를 섞었다. 그리고 장수풍뎅이 서식지인 참나무 숲으로 가서 나무에 발라놓았다.

"밤이 되면 미끼를 발라놓은 참나무에 장수풍뎅이가 붙어 있겠죠?"

아이들은 설레어 했다. 다음 날 아침에 가보았더니 암컷 장수풍뎅이 한 마리가 참나무에 붙어 있었다. "와! 진짜 장수풍뎅이다!" 우리는 그렇게 야생 장수풍뎅이 채집에 성공했다. 한참을 관찰하다가 장수풍뎅이를 자연으로 돌려주었다. 아이들이 장수풍뎅이의 생태를 배우고 체험하는 좋은 시간이었다.

아이들을 자연에 풀어놓자. 자연에서 노는 시간과 공간을 제공하자. 자연 속에서의 놀이는 아이들의 창의력과 문제 해결력을 키워준다. 자연 속 놀이는 탐구로 이어지고 집중력과 인지력을 증가시킨다. 부모가 열린 마음으로 아이를 자연과 더불어 키우면 아이는 좀 더 유연한 사고를 할 수 있을 것이다.

"아이들이 자신감 있고, 능력 있는 탄력적인 어른이
되기를 원한다면 아이들이 밖에서 자유롭게 놀고
탐험할 수 있는 공간과 시간을 제공해야 합니다.
우리는 아이들에게 우리 자신과 비슷한
어린 시절을 주는 것이 여전히 가능하다는 것을 깨달아야 합니다."

—린다 애킨슨 맥거트(미국 저널리스트)

11

요 리 놀 이

간식은 내가 만들게요

"엄마! 저거 진달래 아니에요?"

"우리 미국에서 살 때 꽃떡 만들었던 거 맞죠?"

봄이 되자 우리 집 주변에 진달래가 많이 피었다. 아이들은 2년 전 미국에서 진달래로 화전을 만들어 먹은 일을 기억했다. 그때는 아이들의 이해를 돕기 위해 '꽃떡'이라고 이름을 알려주었다. 마침 곳곳에 봄을 알리는 진달래가 수줍게 피어났다. 나와 아이들은 운동화 끈을 단단히 묶고 뒷산에 올랐다. 산에 오르면서 나는 진달래와 철쭉의 차이점을 말해주었다. 꽃만 피어 있으면 진달래, 잎과 꽃이 같이 피어 있으면 철쭉. 또 철쭉은 독성이 있어 진달래만 먹을 수 있다고 덧붙였다. 그러자 아이들은 꽃에도 독이 있냐며 깜짝 놀랐다.

아이들은 화전을 직접 만들 생각에 신이 났다. 화전은 찹쌀가루를 빚어 그 위에 꽃을 살포시 올린 예쁜 떡이다. 꿀에 찍어 먹으면 더 맛있다. 아이들은 찹쌀 반죽을 손으로 조물거렸다. 직접 떡을 만든다는 사실에 환호하는 아이들을 보니 나도 웃음이 났다.

우리는 두 가지 색깔의 떡을 만들었다. 찹쌀가루만 넣은 하얀색 화전과 부추가루를 섞은 초록색 화전. 하얀색과 초록색 반죽만으로도 색깔이 참 고왔다. 나와 아이들은 찹쌀가루에 뜨거운 물을 조금씩 넣어가며 손으로 반죽했다. 떡은 뜨거운 물로 반죽하면 더 쫄깃해진다. 아이들에게 화전을 만드는 것은 하나의 놀이였다.

"엄마, 반죽이 말랑말랑 부드러워요!"

얼굴에 찹쌀가루를 묻힌 아이들은 집중해서 떡을 만들었다. 아이들은 자동차, 별, 공룡 등 자신이 원하는 모양으로 떡을 빚었다. 그렇게 완성된 반죽을 프라이팬에 노릇노릇하게 구웠다. 마지막으로 분홍빛의 진달래꽃 한 장을 올리면 화전 완성. 아이들이 직접 만들어서인지 맛있다고 잘 먹었다. 어설프지만 화전 만들기는 아이들에게 좋은 추억이 되었다.

책을 보면서도 요리 놀이를 병행할 수 있다. 우리 아이들이 가장 좋아하는 책은 《구름빵》이다. 아이들은 책을 읽을 때마다 "엄마, 구름빵을 진짜 만들 수 있어요? 맛이 궁금해요"라고 했다. 나는 어떻게 하면 구름빵을 만들 수 있을까 고민했다. 나는 마침 집에 있던 '깨찰빵 믹스'를 써보기로 했다. 깨찰빵 믹스는 구성품을 모두 섞고 오븐에 굽기만 하면 되는 쉬운 빵 키트였다.

동그란 깨찰빵은 구름빵과 비슷하게 생겼다. 나와 아이들은 깨찰빵 믹스를 섞고 오물쪼물 손으로 반죽했다. 화전 만드는 방법과 비슷했다. 하지만 고소한 냄새가 확연히 달랐다. 아이들은 두 손으로 구름빵을 동그랗게 빚었다.

"엄마, 이 구름빵을 먹으면 우리도 날 수 있는 거예요?"

"그럼. 구름빵 먹고 어디로 날아가고 싶어?"

"저는 날아서 프랑스에 가고 싶어요."

드디어 완성된 반죽을 오븐에 넣었다. 이제는 빵이 익을 때까지 30분 정도 기다릴 차례. 곧 온 집 안에 고소한 빵 굽는 냄새가 퍼졌다.

"엄마 빨리 구름빵 꺼내요. 탈지도 모르잖아요."

아직 꺼낼 시간이 안 되었는데도 재촉하는 아이들. 문을 살짝 열어 보니 작게 빚은 구름빵은 벌써 노릇노릇하게 부풀어 있었다. 나는 뜨거운 구름빵을 조심스럽게 꺼내 아이들에게 건넸다. 작은 입으로 호호 불며 구름빵을 맛본 아이들은 "음~ 구름빵 최고예요!"라고 말했다.

이렇게 아이와 함께 요리하면 어떤 장점이 있을까? 이호분 소아정신과 전문의는 요리 놀이의 장점에 대해 이렇게 설명했다.

"아이가 좋은 식습관을 가질 수 있습니다. 식자재와 친숙해지면서 편식을 줄일 수 있죠. 요리하는 과정은 굉장히 중요한 실행 기능을 포함합니다. 전두엽 발달에 도움이 되고 엄마와 굉장히 친밀해지거든요. 다른 사람들과 요리를 하면 사회성 발달에 도움이 됩니다."

요리 놀이의 좋은 점 다섯 가지를 정리해보았다.

① 요리는 아이의 오감을 골고루 자극한다

요리 활동은 아이의 촉각, 미각, 시각, 청각, 후각의 발달을 이끈다. 코로 재료의 냄새를 맡고, 손으로 만지고, 눈으로 보는 등 아이의 지능과 감성을 높일 수 있다.

② 요리는 편식하는 아이의 식습관을 개선하도록 돕는다

아이가 평소 싫어하는 재료를 가지고 함께 요리하면 아이는 그 재료와 친숙해진다. 한 예로, 브로콜리 먹기를 꺼리던 작은아이는 직접 브로콜리를 요리한 후부터 거부감 없이 잘 먹게 되었다.

③ 요리는 아이의 소근육 발달에 도움이 된다

아이는 요리를 하면서 재료와 조리도구를 손으로 만진다. 이를 통해 아이는 자연스럽게 소근육을 사용한다. 이는 소근육 발달로 이어지고, 대근육, 지능발달과도 연결된다.

④ 요리는 아이에게 성취감을 준다

아이가 직접 재료를 손질하고, 음식을 완성하고, 결과물을 먹으면 성취감을 느낀다. 이것은 아이에게 행복감을 주고 자존감 향상에도 도움이 된다.

⑤ 요리는 아이의 학습에 도움이 된다

요리하는 과정은 언어, 수학 등 다양한 영역과 밀접한 관계가 있다. 예를 들면, '섞는다', '볶는다' 같은 조리 용어를 통해 아이가 이전에 알지 못했던 단어를 배울 수 있다. 그리고 재료를 자르고, 분류하고, 나누면서 수학의 기본 원리를 깨우칠 수 있다. 또한 설탕, 간장, 소금 등 식재료의 양을 재면서 덧셈과 뺄셈을 배울 수 있다. 케이크를 자르면서는 분수의 원리도 자연스럽게 터득한다.

요리하면서 과학도 배울 수 있다. 지난겨울, 나와 아이들은 함께 김장을 담갔다. 김치가 만들어지는 과정을 아이들은 유심히 관찰했다. 배추를 소금에 절이면 왜 부드러워지는지 물었다.

"배추 속 수분이 소금 때문에 밖으로 빠져나온 거야. 배추 이파리가 축 늘어졌지? 이런 걸 '삼투압 현상'이라고 해."

아이들은 배추를 절이는 과정에서 과학 원리를 자연스레 배웠다.

또 밥을 하기 위해 쌀을 씻을 때면 아이들이 직접 해보겠다고 나섰다. 아이들이 직접 씻은 쌀을 전기밥솥에 넣고 취사 버튼을 눌렀다. 얼마 후에 맛있는 밥 완성.

"딱딱한 쌀알이 어떻게 부드러워졌어요?"

"쌀알에 열을 가하면 쌀이 팽창해서 우리가 먹을 수 있는 밥이 되는 거야."

요리를 하다 보면 이런 과학적 원리를 자연스럽게 질문한다. 엄마는 아는 만큼 대답하고, 모르는 것은 아이와 함께 찾아보면 된다. 이런 과정은 아이의 호기심을 자극해 자연스럽게 학습에 대한 흥미로 연결된다. 요리하면서 나눴던 대화는 아이의 배경 지식이 된다.

단, 아이와 요리할 때 주의해야 할 점이 있다.

첫째는 안전이다. 위험한 도구나 전기 제품을 사용할 때는 안전 교육이 필수! 언제 어떻게 사고가 일어날지 모르니 방심은 절대 금물이다.

둘째, 아이의 성향을 존중해준다. 아이니까 당연히 행동이 미숙하다. 아이가 할 수 있는 일이 어설프다고 엄마가 대신해주기 쉬운데 정말 위험한 상황이 아니라면 아이를 그냥 지켜보는 것이 좋다.

셋째, 처음에는 아이가 잘 먹는 재료를 사용하는 게 좋다. 그 뒤 요리에 흥미를 보이면 아이가 잘 먹지 않는 재료도 사용해본다.

넷째, 아이의 의견을 존중해주자. 아이가 만든 모양이 엉성하더라도 아이의 상상력이 담긴 요리이니 무시하지 말자. 왜 그렇게 만들었는지, 왜 그런 생각을 했는지 먼저 아이에게 물어보자. 인정과 칭찬을 해주면 아이는 요리를 더 즐겁게 할 것이다.

이렇게 아이와 함께하는 요리는 그 자체로 즐거운 놀이가 된다. 엄마와 함께 요리한 음식을 먹는 일은 아이에게 있어 신나는 경험이다. 쉬운 것부터 차근히 해보자. 아이는 성취감을 가지고 건강하게 자랄 것이다. 요리를 즐겁게 하는 아이는 자신감 있는 어른으로 자랄 거라고 확신한다. 오늘, 아이와 쉬운 요리부터 한번 해보는 것은 어떨까.

"격려 속에 사는 아이는 자신감이 넘치고,
칭찬 속에 사는 아이는 감사할 줄 알게 된다.
안정 속에 사는 아이는 믿음 있는 사람이 된다.
격려 속에 사는 아이는 긍지 높은 사람이 되고,
인정 속에 사는 아이는 온 세상에 사랑이 충만함을 배우게 된다."

―도로시 로 놀트(미국작가)

12
·

집 안 놀이

손으로 만들고 부수다 보면 어느새 잘 시간

'쿵쿵. 쿵쿵쿵.'

아이들이 걸어 다니는 발소리만 들려도 아랫집에서는 쿵쿵 천장을 치며 주의를 주었다. 온 집 안에 두꺼운 매트를 깔고 어른 아이 할 것 없이 모두 까치발을 들고 다녔다. 우리가 할 수 있는 노력이란 노력은 다 했다. 하지만 아랫집 민원은 끊이질 않았다.

갈등이 심해질수록 나와 아이들은 집에 있는 게 힘들었다. 늘 아이들이 웅크리고 지낼 수만은 없었다. 여섯 살짜리 남자아이들에게 틈만 나면 조용히 하라고 소리치는 데도 지쳐버렸다. 결국 나와 아이들은 많은 시간 밖으로 나가서 놀았다. 하지만 더운 여름이나 추운 겨울, 미세먼지가 심한 날, 외출이 꺼려지는 날에는 집에 있어야만 했다. 고민이 되었다.

'여섯 살짜리 남자아이들을 어떻게 가만히 앉아서 놀게 한담? 한참 동안 앉아 있으려면 무엇보다도 재미있어야 하는데.'

그렇게 나와 아이들의 집 안 놀이는 시작되었다. 즐겁지만 조용히 할 수 있는 놀이를 찾기 시작했다. 그러다 나는 아이들이 손으로 할 수 있는 놀이에 집중했다.

"손은 인간에게 가장 마법 같은 기관이다."

아동 교육의 어머니인 마리아 몬테소리 박사가 한 말이다. 아이가 손을 사용하는 일은 지능 계발로 이어지는 중요한 활동이다. 손은 신체 전체로 보면 아주 작은 부위지만 손의 운동과 감각 부분은 뇌에서 가장 큰 부위를 차지한다. 손을 활발히 움직이면 뇌가 발달하고 더욱 정교한 신경망을 만든다.

이 손을 쓰는 활동으로 아이들은 몰입해서 3시간 이상 놀았다. 또 가만히 앉아서 하는 놀이로 인해 아이들의 인내력이 길러졌다. 앉아 있는 것 자체가 훈련이기 때문이다. 집중력을 키우기에 이보다 더 좋은 게 있을까? 내가 아이들과 집에서 했던 놀이 중 다섯 가지를 소개하고자 한다.

① 레고 놀이

1932년 발명된 레고는 덴마크어로 '잘 논다'라는 뜻이다. 레고는 블록으로 어떠한 형태든 창조한다. 단순한 형태에서 점차 복잡한 구조로 창작할 수 있다.

레고 놀이의 첫 번째 장점은 아이들의 창의력을 발달시킨다는 데 있다. MIT 미디어랩의 미첼 레스닉 교수는 그의 저서 《미첼 레스닉의 평생유치원》에서 창의적 학습론을 제시했다. 그는 4차 산업혁명 시대에는 무엇보다도 창의력이 중요하다고 강조했다. "창의성은 예술가나 천재에게만 주어진 특별한 능력이 아니다. 창의성은 누구나 학습할 수 있다"라며 방법을 설명했다. 그중 하나로 누구나 쉽게 만드는 레고 조립을 들었다. 손으로 조작하며 원하는 것을 만들어내는 과정이 뇌 전체를 자극하기 때문이다.

둘째, 집중력을 향상시킬 수 있다. 설명서를 보며 순서대로 하나씩 맞추다 보면 집중력과 문제를 해결하는 힘이 생긴다.

셋째, 사회성을 발달시킬 수 있다. 레고를 가지고 여럿이 함께 놀면서 아이디어를 공유하면 사회성이 길러진다. 레고는 사회성 발달에 최적인 놀이 도구다.

우리 아이들이 처음에 레고를 조립할 때는 내가 나서서 도와주었다. 하지만 시간이 지날수록 아이들은 혼자 설명서를 보고 만들었다. 아이들은 자기들이 생각하는 것을 만들기 위해 집중하고 몰입했다.

시간이 지나자 아이들은 설명서를 보지 않고 상상만으로 레고를 만들기 시작했다. 그렇게 새로운 관심사가 생길 때마다 레고로 재현했다. 손목시계, 자동차, 공룡 등을 레고로 조립했다. 스스로 원하는 것을 만들면 나는 꼭 칭찬하며 엄지를 치켜세웠다. 아이들은 성취감을 느끼며 뿌듯해했다.

② 색종이 접기

가볍고 다양한 색상의 색종이는 아이들에게 있어 최고의 장난감이다. 누구나 쉽고 부담 없이 만들 수 있기 때문이다. 종이접기는 관찰력, 상상력 증진에 도움이 된다.

종이접기가 아이들에게 특히 좋은 이유는 소근육 발달 때문이다. 소근육 운동이란 손과 팔을 이용해 움직이는 활동을 뜻한다. 소근육은 눈과 손의 협응력을 키워 두뇌를 발달시킨다. 특히 집중력, 언어능력 등을 담당하는 전두엽을 자극한다. 2016년 7월, EBS 〈육아학교〉에서 김영훈 소아신경과 전문의는 "소근육 발달은 지능과 연관이 깊다. 특히 아이들의 자기 주도성을 발달시킨다"라고 했다.

우리 아이들이 색종이에 관심을 갖게 된 계기는 미니카였다. 종이접기로 좋아하는 자동차를 만드는 것에 흥미를 보였다. 아이들은 멋진 미니카를 접기 위해 여러 번 반복해서 연습했다. 처음에는 혼자 접기 어려워서 내가 많이 도와주었다. 하지만 지금은 원하는 것을 아이들 스스로 책을 보며 접는다. 가끔은 유튜브 영상을 보며 따라 접기도 한다.

우리 가족이 외식을 할 때면 나는 항상 색종이를 챙긴다. 음식이 나오기 전까지 아이들의 지루함을 달래주기 위해서다. 아이들은 식탁에 앉아 얌전히 종이접기를 하며 주문한 음식을 기다린다. 식당에서 아이들에게 동영상을 보여주는 대신 색종이를 건네보자. 의외로 아이들은 즐겁게 놀 것이다.

③ 보드게임

보드게임은 아이들의 사고 능력, 인지력, 창의력, 문제 해결력을 키워주는 훌륭한 놀이다. 특히 아이들의 두뇌 발달에 좋다. 분당서울대병원 정신건강의학과 연구진은 "보드게임은 규칙을 이해하고 기억하면서 손을 많이 쓰기 때문에 전두엽을 자극해 집중력과 기억력을 강화한다"라고 설명했다. 그러면서 보드게임이 뇌의 각 영역을 골고루 자극한다고 덧붙였다. 게다가 "뇌는 쓸수록 좋아진다는 뇌 가소성의 원리에 따라 보드게임을 통해 인지 능력이 크게 향상될 수 있다"라고 말했다.

시중에는 다양한 보드게임들이 나와 있다. 우리 아이들이 가장 좋아하는 게임은 '할리갈리 컵스'이다. 카드에 나와 있는 사물의 모양과 색깔을 재빨리 파악해야 한다. 그리고 제시된 순서대로 컵을 쌓고 종을 치는 순발력 기르기 게임이다. 게임의 승패를 좌우하는 것은 인지의 속도와 빠른 손놀림이다. 공간지각력과 위치 개념도 배울 수 있다.

나는 이 게임을 통해 큰아이의 사고력이 특별하다는 것을 알았다. 아이는 정해진 규칙을 뛰어넘어 자신만의 눈으로 재해석했다. 카드에 제시된 사물을 평면적이 아닌 입체적으로 생각한 것이다. 보통은 카드의 사물을 평면인 2D(2차원)로 보고 컵을 세운다. 하지만 큰아이는 카드에 제시된 그림을 3D(3차원)로 인식했다. 평면적 사고가 아닌 입체적 사고를 한 것이다. 이를 보며 나는 아이의 다름을 인정하고 칭찬했다. 이렇게 보드게임은 아이의 사고력과 창의력을 키워준다.

④ 퍼즐 놀이

2019년, 영국 킹스컬리지 런던에서 퍼즐의 효과를 발표했다. 퍼즐을 자주 하면 뇌 기능이 향상되고, 기억력, 주의집중력, 추리력, 단기기억력을 키울 수 있다고 했다. 이렇게 유용한 퍼즐을 어떻게 아이들과 즐겁게 할 수 있을까?

우리 아이들은 평소 좋아하는 캐릭터 퍼즐부터 시작했다. 아이들은 공룡과 카봇 시리즈를 좋아했다. 그러다 퍼즐 완성 속도가 빨라지자 한 단계를 높여주었다. 지금은 세계 국기와 세계지도, 한국 지도 퍼즐 등 교육용 퍼즐을 주로 한다. 퍼즐로 놀면서 다른 나라의 국기와 지도, 한국 지리를 배울 수 있으니 얼마나 좋은가. 잔잔한 음악을 들으면서 하면 집중력도 높아진다. 차분히 앉아 노는 퍼즐은 집 안에서 하기에 안성맞춤이다.

⑤ 블록 놀이

2020년 개정된 누리과정은 '놀이 중심'을 강조했다. 누리과정이란 3~5세 유아를 위한 국가의 공통 교육과정을 말한다. 유아기는 놀이가 곧 교육이라는 것을 국가에서 공표한 것이다. 교사가 주도적으로 이끄는 수업은 이제 옛날 방식이다. 지금은 유아 스스로 자신의 흥미에 따라 자발적으로 놀이하며 배우는 것을 권장한다.

아이 주도 놀이의 대표적인 예가 블록 놀이다. 블록을 쌓고, 맞추고, 끼우면서 각 모양의 특징을 알게 된다. 또 다양한 재질과 종류의 블록을 조합하고 탐색하는 과정을 거치면서 모양을 인식하는 인지력이 발달한다. 블록은 손으로 만지는 감각 활동으로 뇌 발달에도 큰 효과가 있다. 우뇌의 창의력과 좌뇌의 논리력을 동시에 발달시키는 데 도움이 된다.

우리 아이들은 블록을 만들고 부수기를 종일 반복했다. 자신이 원하는 것을 만들기 위해 수없이 고민하며 만들고 부쉈다. 블록을 가지고 자신만의 방식대로 놀면 자율성과 창의력도 길러진다. 공항, 주차장, 공룡 등을 상상해서 만들었다. 이렇게 몰입해서 놀다 보면 어느새 잘 시간이 되어 있었다.

　이처럼 아이들과 함께 손으로 하는 놀이를 해보자. 손 놀이는 요즘 같은 코로나 시대에 더 알맞은 놀이 방법이다. 심심하다고 엄마를 보채는 아이들에게 제안해보자. 집에서 가만히 앉아 아이들과 즐겁게 시간을 보내는 동시에 교육 효과까지 있으니 한번 시도해보면 어떨까? 우리 아이에게 꼭 맞는 집 안 놀이 방법을 찾길 바란다.

"놀이는 우리에게 활기를 불어넣고 우리를 생동감 있게 만든다.
놀이는 부모의 짐을 덜어준다.
놀이는 낙관에 대한 자연스러운 감각을
새롭게 해주고 우리에게 새로운 가능성을 열어준다."

—스튜어트 브라운(미국 놀이연구소 설립자)

5

나는 아이들과 함께
지도 밖의 길을 간다

01

엄마도 예전엔
비행기 누나였어

"손지혜 님, 최종 합격입니다."

2007년 여름, 나는 중동 A 국영항공사 승무원 시험을 봤다. 4차에 걸친 2주간의 시험 일정이었다. 일대일 인터뷰부터 그룹 토의까지 참가자의 영어 실력과 태도를 심사했다. 최종면접은 항공사 간부들과의 압박 질문과 인터뷰. 내 걱정과는 달리 화기애애한 분위기에서 마지막 면접까지 무사히 마쳤다. 최종면접을 본 나는 좋은 느낌이 들었다. 그리고 얼마 후 높은 경쟁률을 뚫고 최종 합격 통보를 받았다.

나는 도전을 좋아하는 사람이다. 모험심이 강하고 호기심도 많다. 그런데 대학 전공은 피아노였다. 나는 10대와 대학 시절 내내 얌전히 앉아서 피아노를 쳤다. 음악을 좋아해도 매일 8시간씩 연습한다는 것은 절대 쉽지 않은 일이었다. 연습실 안에 갇혀 피아노를 치는 것이 힘들고 답답했다. 나는 피아노를 치면서도 언젠가는 가슴 벅찬 일을 하리라고 생각했다. 진정으로 내가 좋아하는 일을 할 거라고 늘 생각했다.

대학을 졸업할 무렵, 나는 신문에서 우연히 승무원 채용 공고를 보았다. 승무원이 되면 세계를 다니며 일할 수 있다는 채용 문구가 나를 사로잡았다. 내 가슴이 쿵쾅쿵쾅 뛰기 시작했다. 20년 동안 쳤던 피아노. 이 익숙함에서 벗어나 새로운 일에 도전하고 싶은 마음이 생겼다. 승무원이라는 직업은 내 가슴을 뛰게 했다.

승무원이 되기 위해서 여러 가지를 준비했다. 가장 먼저는 영어였다. 나는 외국 항공사 승무원을 목표로 영어 말하기에 가장 신경을 썼다. 매일 저녁, 시간을 정해서 영어회화 mp3를 들었다. 그리고 영어 스터디 모임에 참석해서 모의 면접을 연습했다. 또 더 풍부한 서비스 사례를 경험하고자 외국인이 많은 이태원에서 아르바이트를 했다. 그곳은 집에서 약 1시간 30분 떨어진 곳이었다. 목표를 향해 준비한다고 생각하니 먼 거리를 다니는 일도 즐거웠다. 일하면서 나만의 영어

인터뷰 노트를 만들었고 틈만 나면 연습했다.

나는 승무원이 되기 위해 영어뿐만 아니라, 운동과 식이요법도 열심히 병행했다. 매일 밤 1시간씩 집 근처 학교 운동장을 뛰었다. 그리고 바른 자세를 갖기 위해 매일 30분씩 벽에 기대어 자세를 교정했다. 또 저녁은 5시 이전에 샐러드로 가볍게 먹었다. 이렇게 약 1년을 지냈다. 그리고 2007년 8월, 나는 중동 A 국영항공사에 최종 합격했다. 한국인 1기 승무원이었다.

최종 합격 후, 나는 중동으로 건너갔다. 그곳에서 약 7주간의 훈련을 받았다. 그리고 드디어 비행을 시작했다. 나는 승무원으로 일하면서 다양한 사람들을 만나는 것이 재미있었다. 이코노미 객실부터 비즈니스 객실 승무원으로 일하면서 다양한 국적과 직업을 가진 사람들을 만났다. 인도, 미국, 태국, 영국, 요르단, 이집트, 모로코, 레바논 …. 변호사, 의사, 종교인, 농부, 운동선수, 국회의원…. 다양한 사람을 만나고 문화를 배울 수 있어서 즐거웠다.

나는 오래 앉아 있으면 허리가 아팠다. 하루에 8시간 이상씩 앉아 피아노를 쳤던 게 허리 통증의 주원인이었다. 승객으로 장시간 비행기를 탈 때도 정말 힘들었다. 하지만 승무원으로 일하며 비행하니 허리가 전혀 아프지 않았다. 탑승객들의 요구사항을 들어주고 안전을 살피며 장거리 비행을 해도 힘들지 않았다. 즐겁게 일하는 모습을 본 회사 간부는 나에게 사무장을 하라고 권유하기도 했다.

승무원으로 일하면서 가장 좋았던 점은 여행하면서 동시에 수입이 생기는 것이었다. 대학생일 때는 좋아하는 여행을 하려면 두 가지가 필요했다. 바로 시간과 돈. 방학이 되기만을 기다려야 했고, 여행비는 학기 중에 아르바이트로 충당해야 했다. 하지만 승무원으로 일하게 되자 두 가지 필요를 동시에 충족시켜주었다. 이것이 내가 승무원으로 일하면서 가장 좋았던 점이다.

비행을 하면서 평소에 내가 가보고 싶었던 도시를 여행했다. 영국에서는 평소 가보고 싶었던 박물관을 가고 뮤지컬을 보았다. 태국에서는 고풍스러운 사원과 아름다운 해변을 거닐었다. 또 평소에는 맛보기 힘든 열대과일을 마음껏 먹어서 좋았다. 또 미국 뉴욕에서 평소보고 싶었던 〈라이온 킹〉 뮤지컬을 봤을 땐 정말 행복했다. 중동 요르단의 고대 도시 페트라, 그리고 몸이 둥둥 뜨는 이스라엘 사해, 사람과 소가 함께 다니는 인도 뭄바이 등. 나는 이렇게 비행과 함께 잊을수 없는 추억들을 차곡차곡 쌓았다.

또 하나 좋은 점은 바로 5성급 호텔에서 숙박하는 것이었다. 나는어릴 때부터 좋은 호텔에 대한 로망이 있었다. 재정적으로 넉넉하지못한 환경에서 자란 나는 호텔 근처에도 가보지 못했다. 항상 잡지에서만 호텔 구경을 했다. 5성급 호텔은 무엇이 다른지, 어떤 고급스러움이 있는지, 식사는 어떻게 제공되는지 궁금했다. 그런데 승무원으로 일하면서 대부분 5성급 호텔에 머물렀다. 최상위 숙소에서 숙박하고, 식사하는 것이 꿈만 같았다. 각 나라의 고급 호텔 내부를 비교하며 돌아보는 것도 즐거웠다. 깨끗하게 정돈된 호텔에서 나 홀로 방을 쓰며 휴식하는 것도 좋았다. 내가 마치 무언가 된 것 같았다. 호텔의 장점을 누릴 때면 승무원이 되길 잘했다는 생각이 들었다.

하지만 그렇게 만족과 행복을 주던 비행 생활도 시간이 지나자 무덤덤해져갔다. 몸에 익숙해진 습관처럼 더는 설레거나 행복하지 않았다. 비행 중 마주치는 승객과 동료 직원에게도 호기심이 들지 않았다. 그때부터 진지한 고민이 시작되었다. 나의 다음 행보는 어디일까? 나의 꿈은 무엇일까? 내가 어떻게 해야 행복할까? 나는 진짜 행복한 삶을 찾기 시작했다.

그러다 행복은 혼자서 만족하는 삶이 아니라 함께 공유하는 행복이 진짜라는 생각이 들었다. 가족이 중요하다는 생각이 들었다. 사랑하는 사람과 함께 있고 싶었다. 그러자 승무원 생활을 그만둬야겠다는 생각이 들었다. 사랑하는 사람과 집 앞을 가더라도 그것이 진정한 행복이라는 결론을 내렸다. 그때 승무원 동기들은 퇴사하려는 나를 말렸다. 당시 외화 강세로 물 들어올 때 노를 저어야 한다고 했다. 하지만 나에게 중요한 것은 돈이 아니었다.

지금은 사랑하는 가족과 함께 여행한다. 화려한 여행지가 아니어도 좋다. 아이들과 함께 산책하고, 어떤 날은 함께 자전거를 타기도 한다. 또 가까운 산에 올라가기도 한다. 사랑하는 사람과 함께하는 곳에서 충분히 서로의 존재를 느끼고 감정을 나눈다. 사랑하는 남편의 손을 잡고 아이들과 함께 공원을 걷는다. 우리는 민들레 홀씨를 불며 깔깔 웃는다. 아이들은 메뚜기를 잡고 나에게 선물이라며 준다. 사랑하는 가족과 함께할 때 비로소 나의 허전했던 공허감은 충만해졌다.

가끔 아이들은 하늘에 떠 있는 비행기를 보며 말한다.

"와~ 비행기다. 예쁜 비행기 누나가 주스를 줘서 정말 좋았는데."

"얘들아! 그거 아니? 엄마도 원래는 비행기 누나였어."

"나에게 있어서 최고의 기쁨은
가족과 함께 시간을 보내는 것이다."

—시리 허스트베트 (미국 소설가)

02
엄마학교
다녀올게

'나는 언젠가 미국에서 공부할 거야.'

미국 유학은 나의 오랜 꿈이었다. 내가 중학생 때 사촌오빠가 집에 놀러 온 적이 있었다. 오빠는 미국의 대학에서 공부하던 유학생이었다. 우리 가족은 오빠와 함께 식사하며 대화를 나눴다. 그런데 오빠에게서 남다른 아우라가 느껴졌다. 오빠의 행동과 말에 여유로움이 묻어났다. 나는 사촌오빠에게 미국 생활에 대해 물었다. 오빠는 한국과 미국 교육을 비교하며 자신이 현재 어떻게 공부하고 있는지 친절하게 대답해주었다. 오빠가 가고 난 후 나도 언젠가는 미국에서 행복하게 공부하고 싶다는 생각을 했다. 나는 성적으로 비교하고 경쟁하는 우리나라 교육이 힘겨웠다. 사촌오빠와 대화한 후부터 나는 줄곧 미국에서 공부하는 내 모습을 상상했다.

시간이 흘러 나는 미국에서 유학 중인 학생과 결혼했다. 그리고 남편을 따라 미국에 가게 되었다. 그때부터 미국 대학원 공부를 위한 나의 토플 준비가 시작되었다. 미국 대학원에 들어가려면 토플 점수가 있어야 했다. 토플이란 'Test of English as a Foreign Language'의 약자로 대학생 수준의 영어를 이해하고 사용하는 능력을 측정하는 시험이다. 이 시험은 비영어권 국가의 학생들이 영어권 국가의 대학에 지원하는 데 필요하다. 토플은 읽기(Reading), 듣기(Listening), 말하기(Speaking), 쓰기(Writing), 이렇게 네 영역으로 나뉘어 있다.

나는 영어를 쓰며 해외에서 회사 생활을 했기 때문에 조금만 공부하면 목표한 토플 점수가 나올 줄 알았다. 하지만 그것은 큰 오산이었다. 대학원에서 요구하는 토플 점수는 마치 하늘의 별 따기 같았다. 나에게 생활 영어는 큰 어려움이 없었지만, 학문적 영어는 또 다른 차원이었다. 특히 읽기와 쓰기 영역이 어려웠다. 어떤 읽기 지문은 한국어 해석본을 봐도 전혀 이해되지 않았다.

거의 매일 도서관에서 공부했다. 머리를 질끈 묶고 아침부터 저녁까지 토플을 준비했다. 마치 수능을 준비하는 고3 학생처럼 생활했다. 가끔 도서관에서 공부하는 것이 힘들 때는 분위기를 바꿔 카페에서 공부했다. 시간을 아끼기 위해 간단한 도시락을 매일 준비했다. 그리고 자동차 안에서 점심을 해결하곤 했다.

나는 여러 번 토플 시험을 쳤다. 하지만 매번 원하는 점수를 받지 못했다. 몇 달을 준비하고 시험을 봐도 점수는 오르지 않고 항상 같은 자리였다. 시간이 지날수록 몸과 마음은 지쳐갔다. 토플 공부를 계속해야 할지 고민되었다. 20만 원이 넘는 토플 응시료도 부담되는 금액이었다. 또 내가 살던 지역에는 토플 시험 장소가 없었다. 한번은 4시간을 운전해 다른 주에서 시험을 보기도 했다. 옆에서 응원하는 남편을 보기도 점점 미안했다. 이렇게 2년 가까이 토플 수험생으로 지냈다.

나는 토플을 준비하면서 힘들 때마다 상상했다. 내가 미국 친구들과 한 반에서 영어로 수업을 듣는 모습, 거기서 행복해하는 나의 모습, 당당하게 학교 캠퍼스를 누비며 걷는 모습. 이런 상상을 하면서 다시 힘을 내 공부했다. 대학원생이 된 내 모습을 상상하며 다시 도전했다.

나는 포기하지 않고 공부했다. 그리고 마침내 당당히 미국 대학원에 입학했다. 오리엔테이션과 입학식을 마치고 학생증을 만들 때의 그 감격이란! 상상했던 순간이 현실이 된 것이다. 첫 학기 첫 수업으로 남편과 같은 과목을 신청했다. 남편과 나란히 앉아 첫 수업을 들었을 때 토플을 포기하지 않고 끝까지 공부하길 정말 잘했다는 생각이 들었다.

하지만 감격과 기쁨도 잠시였다. 첫 학기 내내 나는 수업 내용을 이해하지 못했다. 특히 교수님께서 시험 정보를 말할 때 자주 내용을 놓쳤다. 나는 첫 시험에서 적잖이 당황했다. 내가 전혀 준비 안 한 부분에서 문제가 출제된 것이다. 교수님은 수업 중에 다른 책에서도 문제가 나온다고 했단다. 하지만 나는 그것을 이해하지 못했고 준비를 하지 못했다. 시험을 보는 내내 당황해서 나는 아는 문제도 제대로 못 쓰고 시험지를 제출했다. 그 첫 시험은 아직도 잊을 수 없는 기억이다.

첫 시험에서 참담한 점수를 받고, 정말 암담했다. 앞으로 어떻게 해야 할지 심란했다. 하지만 나의 걱정은 얼마 후 바람과 상상으로 이어졌다. '누군가 나를 도와주면 좋겠다.' 내가 누군가의 도움을 받는 모습을 상상했다.

하루는 매번 내 앞에 앉는 학생과 우연히 대화했다. 그 친구는 수업 중 어려움은 없는지 나에게 물었다. 나는 솔직하게 나의 상황을 말했다. 그 친구는 내 이야기를 듣자 나를 도와주고 싶다고 했다. 그러고는 내 이메일 주소로 자신의 필기 노트를 보내주었다.

또 이런 일도 있었다. 12권 이상의 책을 조사해 쓰는 연구논문 마감일이 닷새 앞으로 다가왔다. 나는 영어로 연구논문을 써본 경험이 없어서 어떻게 해야 할지 눈앞이 캄캄했다. 교수님을 직접 찾아갔다. 그리고 나의 상황을 설명했다. 교수님은 논문을 어떻게 써야 하는지 자세히 알려주었다. 그리고 수업시간에 비영어권 학생들을 위해 논문 기간을 연장해주었다.

힘겨웠지만 이렇게 나는 주변의 도움으로 첫 학기를 무사히 마쳤다. 그리고 시간이 지날수록 학교생활에 적응해갔다. 수업에서 자주 쓰는 용어에 익숙해지니 과제도 수업도 한결 편해졌다.

나는 행복하게 학교생활을 해나갔다. 그런데 나에게 또 다른 어려움이 찾아왔다. 바로 여자의 숙명인 임신. 그것도 쌍둥이 임신이었다. 나의 배는 하루가 다르게 부풀어 올랐다. 나는 임신 후 낮잠을 3~4시간 정도 꼭 자야 했다. 나는 수업시간에 툭하면 졸았다. 그리고 오랫동안 앉아 있는 게 힘들었다. 배도 불편했지만, 무엇보다 허리가 아팠다. 수업시간에 집중하기 힘들었다. 나중에는 교수님께 양해를 구하고 교실 뒤에 서서 수업을 듣기도 했다.

드디어 출산일이 임박했다. 그런데 유도분만 날짜와 중요한 연구논문 제출 날짜가 겹치고 말았다. 거의 15장짜리 논문이었다. 나는 출산 전에 미리 논문을 끝내야 했다. 그래야 출산 후 얼마간 공부를 못 해도 점수에 차질이 없었다. 그렇게 나는 막달까지 논문을 쓰느라 밤잠을 설쳤다. 하지만 마지막 부분인 결론과 참고문헌을 쓰지 못했다.

결국 논문을 완성하지 못한 채 출산하러 병원에 갔다. 무통주사를 맞고 자연분만을 위해 분만실로 들어갔다. 하지만 아기가 생각보다 빨리 나오질 않았다. 나는 고래고래 소리를 지르며 아기를 기다렸는데, 그러면서도 미완성한 논문 생각만 났다. 그렇게 출산일까지 걱정하던 논문을 출산 후 겨우겨우 기간 안에 제출했다.

아이들은 건강하게 태어났다. 나의 밤낮은 완전히 바뀌었다. 새벽과 밤에 수유하느라 잠을 제대로 못 잤다. 그래서 낮이면 수업에 집중하지 못했다. 점수도 첫 학기처럼 바닥을 쳤다. 나는 다시 걱정이 되었다. 내가 학교에서 요구하는 학점을 무사히 다 이수하고 졸업할 수 있을까? 그것도 쌍둥이를 키우면서? 육아에 전념하고 학업은 내려놔야 하나? 정말 여러 가지 생각이 들었다.

포기하고 싶을 정도로 힘들었다. 이제 거의 다 끝나가는데, 몇 학기만 버티면 되는데. 나는 다시 상상했다. 아이가 학교 캠퍼스를 아장아장 걷는 모습, 당당하게 학사모를 쓰고 졸업하는 내 모습, 학교 총장님과 자랑스럽게 악수하고 졸업장을 받는 내 모습, 학사모를 쓰고 졸업생들과 행진하는 내 모습. 이런 상상을 하니 포기하고 싶었던 내 마음이 진정되었다. 그리고 다시 일어날 힘을 얻었다. 그리고 몇 학기 후,

나는 남편과 함께 무사히 졸업했다.

　나는 어려운 고비가 있을 때마다 미래의 나를 상상했다. 현재의 어려움을 바라보고 주저앉지 않았다. 내가 꿈꾸는 모습을 상상하며 다시 한 걸음을 내디뎠다. 그렇게 작은 걸음으로 나는 6년 만에 대학원을 졸업할 수 있었다. 여자라고, 엄마라고, 주부라고 못할 것은 없다. 내가 미래를 상상하며 포기하지 않고 가족에게 했던 말은 "엄마 학교 다녀올게"다.

"당신은 당신이 상상하고 믿는 모든 것들을 이룰 수 있다."

―나폴레온 힐(미국 작가)

03

엄마부터
행복하자

"산소마스크는 엄마부터 쓸까? 아니면 아이 먼저 씌어주어야 할까?"

승무원으로 비행을 시작하기 전 훈련을 받았다. 7주 동안 진행된 훈련 중, 특히 안전에 관한 수업이 인상적이었다. 한번은 강사가 물었다.

"비행 중 위급한 상황이 발생한다면 산소마스크는 엄마부터 착용해야 할까? 아니면 아이부터 씌워야 할까?"

나는 아이가 더 약한 존재이기에 당연히 아이부터 씌워줘야 한다고 생각했다. 하지만 틀렸다. 강사는 엄마가 산소마스크를 먼저 쓰고, 그다음에 아이가 써야 한다고 말했다. 보호자가 먼저 안전해야 아이도 안전할 수 있다고 강사는 덧붙였다.

육아도 마찬가지다. 엄마가 중요하다. 하지만 일반적으로 아이에게 좋은 것이 있다면 엄마는 아이를 위해 희생한다. 나도 그랬다. 나 자신을 제일 마지막에 생각했다. 항상 아이들과 남편이 먼저였다. 엄마인 나부터 챙긴다는 건 상상할 수 없었다.

나는 미국에서 쌍둥이를 분만했다. 유도분만으로 10시간에 걸쳐 힘들게 낳았다. 그리고 두 아기를 모유 수유했다. 주위에서는 엄마라면 당연히 모유 수유를 해야 한다고 했다. 하지만 두 아기에게 모유를 주는 것은 생각보다 힘들었다. 나는 모유 양이 늘 부족했다. 모유 양을 늘리기 위해 일부러 물과 미역국을 한 끼에 몇 그릇씩 챙겨 먹었다. 너무 고단하고 힘에 부쳤다.

2시간마다 계속되는 수유에 유두에서는 피가 나고 상처가 생겼다. 유두에 약을 발랐지만, 소용없었다. 아물기도 전에 또 상처가 났다. 유두의 잦은 상처는 유구염(유두 백반)과 유선염으로 이어졌다. 이것은 유두에 흰 반점이 생기고 가슴이 붓는 염증으로 수유할 때 고통스럽다. 나는 항상 유두가 헐고 피가 나서 연고를 바른 뒤 아픔을 견디며 수유했다. 그때의 고통을 표현하자면 마치 날 선 도끼날로 내 유두를 찍어내는 것 같았다. 그럴 때마다 나는 화장실 변기 뚜껑에 앉아서 혼자 약을 바르며 울었다. 그 고통이 너무 심해서 비명까지 질렀다. 이러다 쓰러져서 구급차에 실려 가는 게 아닌가 싶었다. 나는 점점 지쳐 갔다.

출산의 고통은 잠깐이었지만 모유 수유의 고통은 오랫동안 계속되었다. 나는 아기들이 배고파서 울면 긴장되었다. 매번 수유하기 전 전쟁에 나가는 군인처럼 비장하게 손을 불끈 쥐었다. 나에게는 수유가 쌍둥이 출산보다 힘들고 어려웠다. 출산만 하면 되는 줄 알았는데, 모유 수유는 훨씬 힘들었다.

하지만 두 아기를 위해 정신을 차려야 했다. 나는 타국에서 홀로 수유와 지루한 싸움을 이어나갔다. 10개월 동안의 임신, 출산, 8개월 동안의 모유 수유는 내 몸과 마음을 완전히 축나게 했다. 결국 분유와 혼합 수유하며 서서히 모유 수유를 줄였다. 완전히 단유한 날, 얼마나 울었는지 모른다. 모유 수유 중단이 시원할 줄 알았는데 호르몬 때문인지 내 아이들과 이어진 연결 고리가 끊어지는 느낌에 울적했다.

그렇게 아이들에게 좋은 것이라면 나 자신을 돌보지 않았다. 내가 아파도 아이가 먼저인 삶을 살았다. 이것이 당연한 엄마의 모습이라고 생각했다.

우리 가족이 한국으로 귀국한 후의 일이다. 우리는 아파트 2층에서 살았는데, 층간소음 문제로 너무 힘든 시간을 보냈다. 아랫집에서는 우리를 층간소음 가해자로 몰며 매일같이 찾아왔다. 온 집 안에 시중에서 파는 가장 두꺼운 매트를 깔고 가족 모두가 발끝을 세우고 다녔다. 나는 아침부터 저녁까지 아이들에게 계속 주의를 주었다. 우리가 할 수 있는 모든 노력을 다했다. 그런데도 아랫집은 매일 인터폰을 했다. 하루는 우리 집 내부를 봐야겠다며 집 안을 샅샅이 검사하기도 했다.

한번은 아이들을 데리고 지방에 사는 친구 집으로 피신을 갔다. 남편도 일 때문에 집에 없었다. 그런데도 아랫집은 남편에게 전화해 우리 집이 시끄럽다고 항의했다. 빈집이라고 아무리 말해도 아랫집은 믿지 않았다. 우리 가족이 집을 비운 새벽에 경찰을 부르기도 했다. 새벽에 잠을 자고 있을 때도 수시로 문자를 보내왔다. 아랫집 때문에 받은 스트레스는 말로 할 수 없을 정도였다.

나는 아이들과 함께 매일 밖으로 나갔다. 미세먼지가 심한 날이나 비가 오는 날에도 아이들을 데리고 밖으로 나갔다. 그때 나의 심정은 정말이지 참담했다. 주말도 없이 일하는 남편의 위로가 와닿지 않았다. 그렇게 한국에서 나의 삶은 내가 어찌할 수 없는 일뿐이었다. 아랫집을 내가 바꿀 수는 없었으니까.

참담함의 터널 안에 있으면서 나는 우울증에 걸린 사람들이 왜 위험한 결단을 내리는지 알 것 같았다. 나쁜 생각이 들었다. 정신을 차려보니 나에게는 두 아이가 있었다. 아직은 엄마를 찾는 나의 소중한 아이들. 아이들을 봐서라도 다시 힘을 내야만 했다. 하지만 방법을 몰랐다. 우울의 늪에서 나오고 싶었지만 어떻게 해야 할지 몰랐다. 그렇다고 가만히 있을 수는 없었다. 나는 뭔가를 해야만 했다.

절망 속에서 평소 내가 좋아하는 책을 보기 시작했다. 도서관에 가서 책을 읽는 일은 내가 안식하는 유일한 행동이었다. 나는 동네 도서관에 갔다. 빼곡히 꽂혀 있는 책을 보면 마음이 안정되었다. 책 제목을 찬찬히 보았다. 책들이 내게 말을 거는 것 같았다. 처음에는 책을 읽지 못하고 제목만 실컷 봤다. 그런데도 마음이 차분해졌다.

얼마 후부터 책장에 있는 책을 꺼내 읽기 시작했다. 제목만으로 마음에 드는 책이 있으면 닥치는 대로 읽었다. 정독한 책도 있고, 목차만 읽은 책도 있었다.

책은 나에게 꼭 필요한 처방전을 주었다. 책 속에는 나보다 훨씬 더 큰 고통을 겪은 사람들이 있었다. 책은 나에게 괜찮다고, 그럴 수 있다며 위로해주었다. 책은 우울증 치료제였다. 나의 상황을 다 알고 있었고, 나에게 딱 맞는 조언을 해주었다. 그렇게 나는 인생의 질문을 책을 통해서 했고, 그 답을 책에서 얻었다. 도서관은 나의 마음을 치유해주는 장소였다.

얼마 동안 미친 듯이 책을 읽다가 나 자신만을 위한 시간을 가져야 겠다고 생각했다. 아이들과 함께 하는 홈스쿨링은 분명 가치 있는 일이었다. 하지만 나만을 위한 시간이 없어서인지 점점 지쳐갔다. 아이들에게 쉽게 짜증을 냈고, 내 마음은 점점 메말라갔다. 나만의 시간 확보가 절실히 필요했다.

그래서 내가 찾은 방법, 새벽 5시 기상이었다. 그리고 30분씩 시간을 앞당겼다. 현재는 새벽 3시에 일어난다. 처음에는 새벽 기상이 힘들게만 느껴졌다. 하지만 전날 아이들이 일찍 잘 때 나도 잠자리에 들었다. 아이들과 저녁 8시부터 누웠다. 그렇게 습관이 되자 알람 없이도 새벽 3시가 되면 눈이 떠졌다.

다른 가족 모두 잘 때 혼자 깨어 있는 시간. 온전히 나만을 위한 시간이었다. 아무도 나를 찾지 않는 시간에 책을 읽으니 집중도 더 잘되었다. 좋은 책을 찾아 읽고, 필사했다. 영어 필사부터 고전까지 평소에는 좀처럼 읽기 힘든 책도 펼치는 여유가 생겼다. 그렇게 나는 끝없는 좌절감과 무력감에서 빠져나올 수 있었다. 책을 통해 다시 일어났다.

책을 읽은 후 나는 집 앞 작은 공원에서 운동을 했다. 이른 아침 나 홀로 공원을 걷거나 달렸다. 어떤 날은 빠르게 걷기도 했고, 또 다른 날은 천천히 달렸다. 아침 공기를 마시며 나 자신의 감정을 돌아보았다. 그동안 지쳐 있던 나를 위로해주는 시간이었다.

비가 오거나 미세먼지가 많은 날이면 나는 공원에서의 운동 대신 아파트 계단을 올랐다. 음악을 듣거나 강의를 들으며 오르는 계단은 그리 힘들지 않았다. 계단을 하나씩 오르며 마음을 다잡았다. 혹시라도 아이들이 깨면 금방 집으로 돌아갈 수 있어서 마음도 편했다. 멀리 나가지 않더라도 아파트 안에서 운동을 하는 것이 좋았다.

운동 시간을 가지면서 나는 시든 꽃이 일어서듯 살아나기 시작했다. 밖에서 차가운 공기를 마시며 뛰고 땀을 흘렸다. 마음도 새로워졌다. 무기력하고 지친 나에서 활기찬 나로 돌아갔다. 나만의 시간에 운동을 하면 그 하루는 꼭 성공한 느낌이 들었다. 나와의 약속을 지킨 것에서 성취감이 들었다. 그렇게 나는 점차 우울증에서 치유되고 있었다.

더불어 매일 글을 쓰기 시작했다. 내 안의 분노와 좌절, 힘든 점을 글로 적어나가기 시작했다. 현실에서 벗어나고 싶은 마음, 남편에 대한 서운함, 홈스쿨링 과정 중 아이에게 못 해준 일에 대한 반성을 글로 토해내면서 나는 서서히 치유되었다.

나 자신을 찾고 나를 소중히 여기자 남편과의 관계도 회복되었다. 아이들에게도 다정한 말이 나왔다. 아랫집 아주머니가 매일 올라와도 담담해졌다. 나 자신에게도 스스로 용기가 생겼다. 나는 다시 무언가를 해보고 싶다는 생각이 들었다.

이제야 비로소 깨달았다. 가족이 행복하기 위해서는 엄마가 먼저 행복해야 함을. 엄마가 살아야 나머지 가족들도 행복하다는 이 단순한 사실을. 나만의 시간을 확보하고 내가 좋아하는 것을 할 때 엄마가 살아난다. 엄마 먼저 안전하게 산소마스크를 써야 나머지 가족들도 안전해진다. 가족들을 사랑한다면 먼저 엄마 자신부터 챙기자.

"엄마가 행복하면 가족도 행복하다.
가족이 행복하면 국가도 행복하다."

─압둘 칼람(전 인도 대통령)

04

희 망 은
비 용 이
들 지 않 는 다

"지혜야, 네가 원하는 일이 있다면 꼭 적어봐라."

아버지는 내가 어렸을 때부터 바라는 것이 있다면 항상 종이에 적으라고 하셨다. 나는 아버지의 가르침에 따라 원하는 것이 생기면 항상 종이에 적었다. 노트에 적은 나의 소망은 희망이 되어 내 마음속에 머물렀다. 나는 간절한 마음으로 원했고, 원하는 것을 이루기 위해 노력했다. 그러면 어느 순간 내가 바라던 것이 이루어져 눈앞의 현실이 되었다.

나는 결혼한 뒤 남편이 공부하고 있던 미국으로 건너갔다. 내가 그토록 바라던 미국 생활이 아닌가. 하지만 우리는 항상 생활비가 부족했다. 유학생이던 남편과 나는 쪼들리는 살림을 살았다. 아끼고 또 아껴야 하는 삶이었다. 수중에 있는 돈은 매달 월세와 장을 보면 끝이었다. 그 당시 우리에게 가장 절실했던 건 바로 돈이었다.

한국에서는 피아노 개인 지도와 영어 과외로, 외국에서는 항공사 승무원으로 일하며 나는 항상 돈을 벌었다. 넉넉하지는 않았지만 부족함 없이 생활했다. 하지만 미국에서는 내가 할 수 있는 게 없었다. 유학생 배우자 신분인 내가 합법적으로 돈을 벌 수 있는 방법은 없었다.

그때 아버지의 말씀이 생각났다. 나는 하얀 종이 위에 내가 원하는 것을 적어보았다. 첫째, 미국 내에서 합법적으로 일하기. 둘째, 집에서 가까운 장소에서 일하기. 셋째, 내가 잘하는 것으로 일하기. 넷째, 일을 통해 사람들에게 인정받기. 나는 네 가지 소망을 매일 종이 위에 적었다. 나는 간절히 원했고, 어떻게 이루어질지 기대했다.

그러다 나의 오랜 꿈이었던 미국 대학원에 입학했다. 남편이 다니던 학교였다. 그리고 나의 신분은 유학생의 배우자에서 유학생으로 바뀌었다. 즉 학교 안에서 일할 수 있는 신분이 된 것이다.

얼마 후 나는 학생회관 구인공고를 통해 학교 카페테리아에서 일을 시작했다. 나는 일하는 데 필요한 'Social Security Number'를 받을 수 있었다. 이 SSN은 미국의 사회보장번호로, 과세 목적으로 국가에서 발급한다. 우리나라의 주민등록번호처럼 신분을 보장해주는 것이다. 이렇게 나는 합법적으로 학교 안에서 일하게 되었다.

나는 간절한 마음으로 종이에 적은 글을 보았다. 미국 내에서 합법적으로 일하기. 집에서 가까운 장소에서 일하기. 당시 우리는 학교 캠퍼스 안에서 살았기 때문에 걸어서 3분 안에 일터에 도착했다. 내가 적은 첫 번째와 두 번째 소망이 이루어진 것이었다. 간절히 바라던 것이 현실이 되었다.

내가 일했던 카페테리아에서는 커피, 쿠키, 샌드위치, 샐러드를 팔았다. 나에게 주어진 임무는 아침에 카페 문을 여는 것이다. 그리고 커피를 내리고 샌드위치를 만들어 파는 일이었다. 나는 월요일부터 목요일까지, 오전 6시부터 11시까지 일했다. 카페에서 음식을 만들고 팔면서 사람을 만나는 일은 즐거웠다. 때로는 카페에 찾아오는 학생들과 교수님을 통해 학업과 일에 대한 알짜 정보를 얻기도 했다.

하루는 카페에서 일하다가 음악과 교수님과 대화하게 되었다. 내가 피아노 전공임을 알게 된 교수님은 마침 음악과에 반주자가 한 명 필요한데, 자신에게 이력서를 보내라고 했다. 얼마 후 나는 한 성악과 학생의 실기 반주를 맡게 되었다. 나의 임무는 성악 수업을 받는 학생들이 교수님께 레슨 받을 때와 연습할 때 피아노를 반주해주는 것이었다. 그리고 실기시험과 졸업연주 반주도 했다. 처음에 한 명으로 시작한 나의 성악 반주는 한 학기에 열다섯 명까지 늘어났다. 교수님은 센스 있게 잘 반주한다며 나를 좋아하셨다.

나중에는 학교의 음악과 모든 수업을 내가 반주했다. 성악 수업, 합창, 밴드 연주, 성악 개인레슨, 기악과 반주, 학교 입학식과 졸업식. 피아노 반주가 필요한 모든 일에 교수님은 나를 불렀다. 피아노 반주는 전문적인 실력을 요구하기 때문에 일하는 시간은 짧고 시급은 높았다. 나는 학교에서 받은 수표를 남편에게 모두 주었다. 흐뭇해하는 남편의 미소를 보는 게 좋았다.

하루는 교수님이 말했다. "네 재능을 가지고 일하는 모습이 보기 좋다. 즐겁게 일하는 네가 자랑스럽구나." 이 말을 듣자 나는 간절한 마음으로 종이에 적은 글이 생각났다. 내가 잘하는 것으로 일하기! 그때 온몸에 소름이 돋았다. 내가 적은 세 번째 소망이 이루어진 것이다. 내가 미국 대학에서 피아노 반주를 할 줄은 정말 몰랐다. 내가 잘하는 것으로 일한다고 생각하니 행복했다. 아버지의 가르침에 감사가 절로 나왔다.

나는 학교 음악과 전담 반주자로 일하면서 동네 교회에서 피아노 반주를 시작했다. 그곳은 미국 백인들만 다니는 200년이 넘은 유서 깊은 교회였다. 내가 살던 기숙사에서 차로 5분 내 있는 곳이었다. 나는 피아노 반주자로 즐겁게 일하고 있었다. 그런데 갑자기 교회 지휘자(Music Director)가 이사 가는 바람에 그 자리가 공석이 되었다.

얼마 후 담임 목사님은 나에게 지휘자로 일해보지 않겠느냐고 제안했다. 지휘자라니! 영어도 완벽하지 않은데! 나는 말이 안 된다고 생각했다. 그동안 나는 한국과 미국에서 피아노 반주자로 30년 넘게 일했다. 수많은 경험으로 지휘자와 몇 마디 대화만으로 곧잘 반주하곤 했다. 하지만 지휘는 달랐다. 나는 대학 때 필수과목으로 지휘를 배운 게 전부였다. 그리고 지휘자는 단원들에게 곡을 잘 이해하도록 설명하고, 연습을 시키고, 이끌어야 했다. 그들과 소통해야 했다. 나는 미국인으로만 구성된 성가대를 이끌 능력이 없다고 생각했다. 그런데도 담임 목사님은 나에게 할 수 있다며 계속 권유했다. 결국 나는 성가대 지휘를 맡기로 했다.

지휘자로 섰던 첫 예배시간을 아직도 잊을 수 없다. 교회 사람들은 단 위에서 지휘하는 나를 빤히 쳐다보았다. 백인 할아버지, 할머니, 중년 부부들, 아이들. 모두 동양 여자가 지휘하는 모습을 신기한 눈으로 쳐다보았다. 그렇게 시작된 나의 지휘는 한국으로 귀국하기 전까지 3년 동안 계속되었다.

나는 시간이 지날수록 합창 단원들과 아주 친해졌다. 우리는 매주 만나면서 삶을 나눴다. 때로는 함께 울고, 때로는 함께 웃었다. 성가대원 할아버지, 할머니들은 나를 손녀같이 대하며 많이 예뻐하셨다. 미국에 가족이 없던 나도 그들을 친구 할아버지, 할머니같이 잘 따랐다. 친정엄마가 돌아가시고 힘들었을 때, 그들은 나에게 큰 위로와 힘이 되어주었다. 나에게 위로의 편지를 보내주고, 우리 4인 가족의 한국 행 비행기 표도 후원해주었다.

우리 가족이 한국으로 돌아가기로 했을 때, 교회 사람들은 아쉬워했다. 교회에서는 우리 가족이 미국에 더 있겠다면 구체적인 방법을 찾아보겠다고 말했다. 내가 졸업 후 학교 기숙사에서 나오면 우리 가족이 살 수 있는 집을 지어주겠다고 약속하기도 했다. 내가 졸업하는 날, 한 미국 할머니는 20달러 지폐를 꼬깃꼬깃 접어서 내 손에 쥐여주셨다. 꼭 외할머니가 손녀에게 용돈을 주듯이 말이다.

하지만 시간이 흘러 헤어질 날이 다가왔다. 교회에서는 아쉬워하면서 우리 가족을 위한 송별파티를 열어주었다. 우리 가족의 이름이 들어간 케이크와 정성껏 준비한 음식을 함께 나눴다. 사람들은 한 명씩 나에게 다가와 함께 사진을 찍고 작별 인사를 했다. 나는 그때의 감동을 지금도 잊지 못한다.

교회 사람들과 작별 인사를 하며 눈물을 흘렸다. 나를 가족으로 대해준 그들의 따뜻한 마음에 감사했다. 귀국하는 비행기 안에서도 교회 사람들이 그리웠다. 그때, 내가 하얀 종이 위에 적었던 마지막 소망도 이루어졌음을 깨달았다. 일을 통해 사람들에게 인정받기.

종이 위에 적은 나의 간절한 소망은 미국에서의 10년의 삶을 이끌어주었다. 나는 간절히 원하는 것을 종이 위에 적고 기대하며 노력했다. 그리고 어느 순간 그것이 현실이 되어 있는 것을 경험했다. 원하는 것을 종이에 적는다면, 그것은 가슴속에 희망이 되어 현실이 된다. 희망은 비용이 전혀 들지 않는다.

"믿음은 바라는 것들의 실상이요, 보이지 않는 것들의 증거이니
선진들이 이로써 증거를 얻었느니라."

— 《히브리서》 11장 1~2절

참고자료

• 참고문헌

• 《아낌없이 주는 나무》, 셸 실버스타인 지음, 이재명 옮김, 시공주니어, 2017
• 《내 아이를 위한 칼 비테 교육법》, 이지성, 차이정원, 2017
• 《탈무드》, 마빈 토케이어 지음, 강영희 엮음, 브라운힐, 2013
• 《적기교육》, 이기숙, 글담, 2015
• 《몰입의 즐거움》, 미하이 칙센트미하이 지음, 이희재 옮김, 해냄, 2021
• 《다중지능》, 하워드 가드너 지음, 문용린 · 유경재 옮김, 웅진지식하우스, 2007
• 《아이의 다중지능》, 윤옥인, 지식너머, 2014
• 《메타인지 학습법》, 리사 손, 21세기북스, 2019
• 《우리가 사랑해야 하는 이유》, 앙투안 드 생텍쥐페리 지음, 송혜연 옮김, 생각속 의집, 2015
• 《가족여행하며 홈스쿨링》, 수 코올리 지음, 김은경 옮김, 새로운제안, 2017
• 《거실공부의 마법》, 오가와 다이스케 지음, 이경민 옮김, 키스톤, 2018
• 《미첼 레스닉의 평생유치원》, 미첼 레스닉 지음, 최두환 옮김, 다산사이언스, 2018
• 《Chicken Soup for the Expectant Mother's Soul》, Jack Canfield Backlist, LLC, 2012

- 《The Education of Karl Witte》, Witte Karl, Heinrich Gottfrie HardPress Publishing, 2013
- 《An Educator's Guide to STEAM》, Cassie F. Quigley, Danielle Herro, Teachers College Press, 2019
- 《The Baby Book, Revised Edition》, William Sears, James Sears Little, Brown Spark, 2013
- 《Reading Magic: Why Reading Aloud to Our Children Will Change Their Lives Forever》, Mem Fox, Mariner Books, 2018
- 《Squishy Turtle Cloth Book》, Priddy Books US, Roger Priddy, 2015

- 인터넷

- 한국개발연구원(KDI) 김희삼 박사의 연구
  https://biz.chosun.com/site/data/html_dir/2015/05/22/2015052201807.html
- HOMESCHOOLING: THE RESEARCH-GENERAL FACTS, STATISTICS, AND TRENDS
  https://www.nheri.org/research-facts-on-homeschooling/
- American Homeschooling Moms | "Why Homeschool?" by Aran TV
  (https://www.youtube.com/watch?v=5H027F4KQDk)
- American Homeschooled Kids | "How Do You Learn Social Skills Then?" by Aran TV
  https://www.youtube.com/watch?v=kUz_9OHCQEE
- <Homeschooling: Exploring the Potential of Public Library Service for Homeschooled Students>
  https://scholarsarchive.library.albany.edu/cgi/viewcontent.cgi?article=1027&context=jlams
- <Kids Crave Outdoor Play!>
  https://voiceofplay.org/2017-survey-play/
- <NATURE MAKES CHILDREN HAPPIER, SCIENCE SHOWS>

https://www.waaytv.com/content/news/568205222.html

- <2019 North American Camping Report®>
https://www.businesswire.com/news/home/20190424005301/en/Camping-is-on-the-Rise-in-North-America-with-More-People-Heading-Outdoors-and-More-Often#:~:text=More%20than%207.2%20million%20households,(KOA).

- <Why Camp?>
https://www.nps.gov/subjects/camping/why-camp.htm

- <Study links camping to happy, healthy children>
https://www.plymouth.ac.uk/news/study-links-camping-and-happier-children

- <How to stop coughing: 15 home cough remedies for kids>
https://www.today.com/parents/your-little-one-sick-these-home-remedies-will-quiet-your-t73261

- <Infant sleep and its relation with cognition and growth>
https://www.ncbi.nlm.nih.gov/pmc/articles/PMC5440010/

- <What time should children go to bed and how long should they sleep for depending on their age?>
https://www.thesun.co.uk/fabulous/5096505/children-bed-time-sleep/

- 〈밤에 잘 재우려면 오후 4시 이후 낮잠 피하고 30분 지나도 안 자면, 울어도 안아 주지 마세요〉
https://www.chosun.com/site/data/html_dir/2019/08/08/2019080800075.html

- <Are Audiobooks As Good For You As Reading?>
https://time.com/5388681/audiobooks-reading-books/

- <An Incredibly Effective Way To Develop Your Child's Math Skills With LEGO Blocks>
https://designyoutrust.com/2015/12/an-incredibly-effective-way-to-develop-your-childs-math-skills-with-lego-blocks/

- <MAP SKILLS FOR ELEMENTARY STUDENTS>
https://www.nationalgeographic.org/education/map-skills-elementary-students/

- <Music and the Brain>
https://hms.harvard.edu/news-events/publications-archive/brain/music-brain

공부머리가 자라는 하루 2시간 엄마표 학습법

ⓒ 손지혜, 2021

1판 1쇄 발행 2021년 8월 30일

지은이 손지혜
펴낸이 윤혜준 | 편집장 구본근 | 마케팅 권태환

펴낸곳 도서출판 폭스코너 | 출판등록 제2015-000059호(2015년 3월 11일)
주소 서울시 마포구 월드컵북로 400 문화콘텐츠센터 5층 9호(우 03925)
전화 02-3291-3397 | 팩스 02-3291-3338 | 이메일 foxcorner15@naver.com
페이스북 www.facebook.com/foxcorner15 | 인스타그램 www.instagram.com/foxcorner15

종이 일문지업(주) | 인쇄·제본 수이북스

ISBN 979-11-87514-72-5 (13590)